环境多介质迁移归趋模型的理论与应用

苏　超　著

中国矿业大学出版社

·徐州·

内 容 提 要

　　本书第一章介绍了目前应用较广泛的几类环境多介质迁移归趋模型的原理、特征和适用性；第二章介绍了 BETR-Urban-Rural 模型的优化方法和过程；第三章、第四章、第五章分别介绍了 BETR-Urban-Rural 模型在环渤海地区的应用，包括未来气候变化和排放强度对 PFOS 迁移归趋行为的影响、PFOS 多介质归趋行为的动态模拟、PFOA/PFO 多介质传输归趋行为的模拟。

　　本书的主要读者对象为环境科学、生态学、地理学、环境管理等相关专业的本科生、研究生和科研工作者。

图书在版编目(CIP)数据

　　环境多介质迁移归趋模型的理论与应用/苏超著
.—徐州 ：中国矿业大学出版社，2022.7
　　ISBN 978-7-5646-5482-5

　　Ⅰ．①环…　Ⅱ．①苏…　Ⅲ．①污染防治－研究　Ⅳ.
①X5

　　中国版本图书馆 CIP 数据核字(2022)第 123905 号

书　　名	环境多介质迁移归趋模型的理论与应用
著　　者	苏　超
责任编辑	章　毅　李　敬
出版发行	中国矿业大学出版社有限责任公司
	（江苏省徐州市解放南路　邮编 221008）
营销热线	（0516）83885370　83884103
出版服务	（0516）83995789　83884920
网　　址	http：//www.cumtp.com　E-mail：cumtpvip@cumtp.com
印　　刷	苏州市古得堡数码印刷有限公司
开　　本	787 mm×1092 mm　1/16　印张 7.5　字数 147 千字
版次印次	2022 年 7 月第 1 版　2022 年 7 月第 1 次印刷
定　　价	38.00 元

（图书出现印装质量问题，本社负责调换）

前　言

随着全球经济的快速发展,越来越多的化学品被广泛使用,亦或是成为人类活动的副产品。多氯联苯(PCBs)、多环芳烃(PAHs)、全氟烷基酸(PFAAs)、药品和个人护理产品(PPCPs)等化学品被有意或无意地排放到环境中。这些化学物质大多具有持久性和远距离迁移性,会跨越国界,从一个区域迁移到另一个区域,这就是有些化学物质在南北极被检出的原因。这些化学品越来越受到各个社会团体(政府、科学家和非政府组织)的关注,尤其是它们的暴露途径、环境行为、风险评估和优先管控性,这些都是表示化学物质对生态系统和人类潜在风险的关键基础。

多介质迁移归趋模型能够利用有机污染物的排放信息定量描述它们的迁移过程、归趋和汇。具体而言,它们用于识别污染物在多个环境介质中的迁移过程,预测污染物在环境介质中的浓度并确定其最终归趋,这些可以为研究污染物的环境暴露和生物累积提供基础,因此许多科学家和管理机构已在多个尺度上应用这类模型研究多种污染物的环境行为。简而言之,多介质迁移归趋模型是为政府和管理者提供决策支持的有力工具。为此,特编写了本书。

在内容安排上,本书第一章介绍了目前应用较广泛的几类环境多介质迁移归趋模型的原理、特征和适用性;第二章介绍了当前主流的环境多介质模型 BETR-Urban-Rural 模型的优化方法和过程;第三章、第四章、第五章分别介绍了 BETR-Urban-Rural 模型在环渤海地区的应用,包括未来气候变化和排放强度对全氟辛烷磺酸(PFOS)迁移归趋行为的影响、PFOS 多介质归趋行为的动态模拟、全氟辛烷及其盐(PFOA/PFO)多介质传输和归趋行为的模拟。

本书的主要读者对象为环境科学、生态学、地理学、环境管理等相关专业的本科生和研究生,也可以为相关科研工作者提供参考。

本书得到了国家自然科学基金项目(42107420、U1910207)、山西省水利厅项目(2022GM015)、山西省科技厅项目(20210302124363)和山西省黄河实验室项目(YRL-202109)的资助。

感谢中国矿业大学出版社章毅副编审为本书出版付出的辛勤劳动!

苏 超

2022 年 7 月 1 日

目　　录

第一章　环境多介质迁移归趋模型的原理、特征和适用性

多介质迁移归趋模型能够应用区域环境参数及污染物的物理化学性质、排放速率的空间信息研究有机污染物的环境行为。本章回顾了近些年来同行评审文献中常用的几类多介质迁移归趋模型，包括它们的原理、特征和适用性。此外，还简要讨论了多介质迁移归趋模型的未来应用前景。

第一节　基于逸度方法的模型

一、逸度模型

逸度的概念最早是由 G. N. Lewis 于 1901 年提出的[1]。D. Mackay 提出逸度方法是一种量化污染物在环境介质内的迁移行为和浓度的好方法[2]。最初，环境介质由大气、土壤、水、水生生物群、淡水中悬浮固体和淡水沉积物组成，模型输入包括污染物的释放速率、污染物的理化性质和区域环境参数[3-4]。在该模型中，污染物的迁移行为通常包括分配、降解、扩散和非扩散过程[5]。该模型可以在稳态和非稳态条件下进行，根据质量平衡方程的复杂程度，模型可以分为Ⅰ级、Ⅱ级、Ⅲ级、Ⅳ级。Ⅰ级和Ⅱ级模型假设所有环境介质都处于平衡状态，但分别具有定量和稳态的化学输入。Ⅲ级模型假设污染物非平衡分布和稳态输入。Ⅳ级模型假设污染物具有非稳态的输入，其输入速率、浓度和逸度均随时间而变化[2]。

该模型可以根据逸度（f, Pa）、逸度容量[Z, mol/(m³ · Pa)]、浓度（c, mol/m³）、迁移参数[D, mol/(h · Pa)]或其他迁移参数（如降雨速率、清除率、干沉降速率）之间的函数关系，预测特定区域内污染物的近似浓度、数量分布、持久性和最终归趋，以及它们在不同介质之间的迁移和分配格局[3-4]。在理想条件下，f、Z 和 c 之间的关系可以表示为[2,6-8]：

$$c = Zf \tag{1-1}$$

式中，f 表示污染物从某一环境相中逃逸的趋势，用于确定所研究的系统是否会

在非平衡输入下达到平衡[9]。Z 是由 D. Mackay 在 1979 年定义的,表示环境相和子相的逸度容量。有关质量平衡方程的详细信息,可参考 D. Mackay 在 1979 年发表的论文[2]。1991 年,D. Mackay 和 S. Paterson 建立了Ⅲ级逸度模型,且考虑了污染物更多的非扩散过程(如湿沉降)。Ⅲ级逸度模型的简要结构如图 1-1 所示。在该模型中,水包含不同比例的纯水、悬浮物和水生生物群,其他环境相被分成不同比例的空气、水和有机物等子相[8]。在此基础上,许多研究人员改进了逸度模型,增加了其适用性和广泛使用性。典型的改进之一是科学家证明植被是污染物迁移运输的重要环境相,尤其是那些通过大气沉降到达地面后被植物蒸腾吸收的物质[6,10]。后来,Ⅲ级逸度模型被分别应用于天津市、密歇根湖、帕塞伊克河流域等区域探究林丹(γ-HCH)、硝基多环芳烃(硝基-PAHs)、三氯乙烯和抗生素的迁移特征和归趋行为[11-15]。

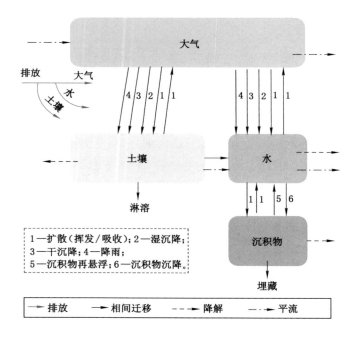

图 1-1　Ⅲ级逸度模型的简要结构

由于Ⅲ级逸度模型更接近真实过程,它比Ⅰ级和Ⅱ级模型更常用。尽管Ⅳ级模型需要的随时间变化的排放数据和环境参数难以获得,但也有一些科学家应用Ⅳ级模型来模拟英国全国、我国黄河流域和美国密歇根湖中多氯联苯(PCBs)、有机氯农药(HCHs)和多环芳烃(PAHs)的动态归趋行为[13,16-17]。

二、以逸度方法为基础的多介质模型

基于逸度方法,科学家们研究开发了其他模型,并将它们应用于不同的系统,其中具有代表性的模型有 QWASI(quantitative water, air, and sediment interaction)模型、BETR(berkeley-trent)模型、MUM 模型(multimedia urban model)、Globo-POP 模型、ChemRange 和 CliMoChem 模型、EQC 模型(equilibrium criterion)、TaPL3 模型(transport and persistence level Ⅲ)、CoZMo-POP 模型、G-CIEMS 模型、CHEMGL 模型、POPsME 模型以及 POPCYCLING 模型。

(一)QWASI 模型

最初的 QWASI 模型由 D. Mackay 建立[18-19],使用逸度概念进行了说明。它描述了湖泊和河流系统中化学污染物的归趋[18-20]。在这个模型中,环境相通常由淡水、淡水底部和悬浮沉积物、生物群和大气组成,模型中描述的过程与逸度模型相似,包括平流、相间迁移和降解。

由于逸度平衡标准不适用于具有低蒸气压或未知蒸气压的污染物,如离子物质、金属和聚合物,因此 D. Mackay 和 M. L. Diamond 提出了一种等价平衡准则,可同时应用于挥发性物质(如 PCBs)和不挥发性物质(如金属铅)[20]。在逸度方法中,用蒸气压 p^S 计算气水分配系数 K_{AW}:

$$K_{AW} = \frac{p^S/(RT)}{C^S} \tag{1-2}$$

式中,p^S 为化学污染物的蒸气压,Pa;C^S 为污染物的化学溶解度,mol/m³;R 为摩尔气体常数,取 8.314 Pa·m³/(mol·K);T 为绝对温度,K。$Z_W = Z_A/K_{AW}$,其中 Z_W 和 Z_A 分别是水和大气的逸度容量 Z 值。然而,如果污染物的蒸气压接近于零,Z_W 将趋于无穷大,表明该污染物趋于完全分配到水中;或者如果某些化学物质的蒸气压未知或无法测量,则无法计算 Z_W[20]。鉴于此,D. Mackay 和 M. L. Diamond 通过定义新的平衡准则修改了 QWASI 模型。在此,当量浓度 A 取代了逸度并重新定义了所有环境相中的 Z 值,相当于定义一个标准状态[20]:

$$A = \frac{f \times C^S}{p^S} = \frac{C_A \times R \times T \times C_S}{p^S} = C_W = C_S/(K_p \times d) \tag{1-3}$$

$$\overline{Z}_A = \frac{p^S}{C^S \times R \times T}, \overline{Z}_W = 1, \overline{Z}_S = K_p \times d \tag{1-4}$$

式中,C_A、C_W、C_S 分别表示污染物在大气、水和沉积物中的浓度,mol/m³;$\overline{Z}_A$、$\overline{Z}_W$ 和 $\overline{Z}_S$ 分别表示重新定义的大气、淡水和淡水沉积物中的 Z 值;K_p 表示淡水中沉积物-水分配系数,L/kg;d 表示淡水沉积物的密度,kg/L。此外,这个准则也适用于那些溶解度未知的污染物;或者,当污染物的环境行为受溶液中其他物质的影响时,也可用此准则。

基于上述等价准则,M. L. Diamond 于 1999 年扩展了 QWASI 模型,基于 M.L.Diamond 等提出的多物质方法,QWASI 模型能够处理几种相互转化的化学物质。该扩展模型已成功应用于模拟加拿大地盾地区某一湖泊和美国内华达州拉洪坦水库中无机元素和甲基汞的迁移分布行为[21-22]。另外,D.G.Woodfine 等应用该扩展模型的稳态和动态模式模拟了湖泊系统对大气负载 Ni 和 Cu 不同降解速率的响应,这非常有益于制定和评估受污染湖泊系统的修复计划[23]。

另有科研人员扩展了 QWASI 模型的非稳态模式,并将其和其他模型结合,如 DynA 模型和 ChimERA 模型。DynA 模型考虑了污染物的日间或季节性排放速率和环境参数(温度、水量等)的影响,并采用数值解法构建了 QWASI 的全动态模式[24-25]。ChimERA 模型是在 DynA 模型的基础上开发的,它将大型植物相添加到模型中,并考虑大型植物和颗粒/溶解有机碳在影响化学物质的生物可利用浓度中的作用[26-27]。如今,QWASI 模型可在加拿大环境建模和化学中心(Center for Environmental Modeling and Chemistry,CEMC)的网站上免费下载。自 1983 年以来,QWASI 模型及其修改版本已广泛应用于模拟湖泊和河流系统中化学污染物的浓度、分布、转移通量、生物累积通量和质量平衡信息,用于科学研究和风险管理[24-25,28-33]。

(二)MUM 模型

MUM 模型最初是由 M. L. Diamond 等在 2001 年开发的,旨在从多介质的角度在城市尺度上探索城市环境对半挥发性有机化合物(SOC)的归趋和流动性的影响[34-35]。该模型基于 D. Mackay 提出的Ⅲ级稳态逸度模型,包括大气、土壤、植被、地表水及其沉积物和不透水地表上的有机薄膜 6 个环境[34]。有机薄膜是一种新提出的介质,它可以有效地捕获气相 SOC 和颗粒相 SOC[36]。此外,它可以将 SOCs"反射"到大气中,促进向地表水的径流过程,并提供可能发生光解行为的场所,从而增加 SOCs 在城市环境中的总体流动性[34-35]。

2012 年,S.A.Csiszar 等考虑了有机薄膜的动态特征,开发研究了 MUM 的非稳态模式[37]。在此之后,动态 MUM 版本与 BLFMPS(boundary layer forecast model and air pollution prediction system,一种化学空气运输模型)耦合成空间定向 MUM 模型(SO-MUM)。这是一个"多盒子"模型,用于反向计算城市地区排放 SOCs 的浓度[38]。在这个模型中,子相间的大气传输由 BLFMPS 建模,而在大气中的其他过程,即沉降和反应损失,以及在其他环境相中的传输过程,仍然在 MUM 中建模[38]。

MUM 和 SO-MUM 被科研人员广泛用于预测城市系统中 SOCs（PCBs、PAHs、PBDEs）在稳态或非稳态条件下的迁移和归趋，以探索城市化对化学污染物浓度、流动性和环境暴露的影响[37-46]。这些模型及其模拟结果可以帮助人们理解城市建筑环境对化学污染物传输和归趋的影响。

（三）BETR 模型

BETR 模型最初是由 M. MacLeod 等在 2001 年提出的，它是一种区域分割的多介质归趋模型。在该模型中，研究区可根据地理特征、政治边界、污染物使用模式或栅格划分为多个较小的子区域[9,47]。随着分区数量的增加，模型的空间分辨率也随之增加。各个子区域通过区域间的大气和水流连接起来。

BETR 模型基于逸度概念描述污染物在各个子区域的传输和归趋行为，各个子区域之间的相互作用通过大气和水流联系，这使得 BETR 模型适用于更大的空间异构领域[47]。在最初的 BETR 模型中，每个子区域内的环境由 7 个离散的、同质但相互连接的介质组成，包括高层大气、低层大气、植被、土壤、淡水、淡水沉积物和海水。模型中的迁移和归趋过程包括排放、介质间迁移过程、平流过程和降解过程。模型的稳态和非稳态模式均基于质量平衡原理[47]。

科研人员发现，由于化学污染物在城市和农村的排放速率不同，导致污染物在两个地区的迁移行为存在很大差异。基于此，S. Song 等将 BETR 模型改进为 BETR-Urban-Rural 模型，该模型识别了城市环境和农村环境的差异[48]。在 BETR-Urban-Rural 模型中，低层大气和土壤介质被分为低层城市大气和低层农村大气、城市土壤和农村土壤。此外，模型参数化、质量平衡和介质间污染物的传输过程也得到了改进[49-51]。BETR 模型和 BETR-Urban-Rural 模型均成功应用于模拟多种化学污染物如多环芳烃、多氯联苯、多溴二苯醚、六氯环己烷、全氟辛酸、毒杀芬等分别在全球、欧洲和区域尺度下的迁移行为[9,49-51,52-58]。此外，科研人员也应用它们探索多尺度下气候变化对化学污染物浓度、分布、归趋和迁移过程的影响[50,53,55,58]。

（四）Globo-POP 模型

最初的 Globo-POP 模型是一个全球尺度的多介质模型，在 Globo-POP 模型中全球环境被划分为 9 个气候带（N-Polar、N-Boreal、N-Temperate、N-Subtropic、N-Tropic、S-Tropic、S-Subtropic、S-Temperate 和 S-Polar），每个子区域由大气、水、土壤和沉积物 4 个部分组成[59-60]。它是根据Ⅲ级逸度质量平衡方法开发的。该模型中，气候带之间的大气平流速率是根据纬度的水平涡流扩散系数 K 计算的[61-62]。该模型的突出特点是充分考虑了季节变化的影响，从而将污染物的排放速率、介质的 Z 值、平流交换 D 值和温度 a 定义为时间的函数。此外，该模型模拟的污染物在每个子区域的介质中的浓度也是时间的函数[59]。

然而,Globo-POP 模型的一个显著缺点是模型忽略了雪和冰的化学分配。

（五）ChemRange 模型和 CliMoChem 模型

ChemRange 模型最初由 M. Scheringer 于 1996 年建立,它是全球尺度下的一维稳态（Ⅲ级）远距离迁移模型。该模型主要关注污染物的空间分布过程,因此该模型只包含土壤、水和大气 3 个环境相,分别代表不流动、中等流动和高度流动的迁移速度和机制[63-64]。这 3 个环境相组成一个封闭的循环,该循环被平均分为 n 个区块[63,65]。与 BETR 模型类似,n 的大小决定了模型的空间分辨率。在该模型中,介质间的大多数传输参数是基于逸度的传输速率计算的[63]。该模型的一个局限性在于它主要适用于中度和高度持久性化学污染物的传输,这是因为模型中没有描述局部和短时传输过程[63]。此外,一些科研人员通过该模型的模拟结果获得了几种化学污染物的持久性和空间范围[65-66]。

CliMoChem 模型是基于两个全球模型（Globo-POP 模型和 ChemRange 模型）而建立的。该模型由可变数量的纬度带区域（通常为 10～90 个）组成,这些纬度带区域以年温度条件和介质体积为特征[67]。CliMoChem 模型是一种动态（Ⅳ级）模型,与 Globo-POP 模型相比,添加了植被和植被土壤两个环境相。此外,环状单元格变成一系列 n 个纬度区域。与 ChemRange 模型不同,CliMoChem 模型是一个二维模型,在不同区域有可变的温度、水陆比和植被类型[64]。然而,该模型的局限性在于 n 的值在 30 以下并且不包括冰雪。这两个模型常被用于模拟化学污染物在全球环境中的迁移过程及在两极的沉积[64,68-70]。

（六）EQC 模型

EQC 模型是由 D. Mackay 等于 1992 年基于 Ⅰ、Ⅱ 和 Ⅲ 级逸度模型设计的,但是它涵盖了逸度方法和等价平衡准则。该模型可系统地揭示化学污染物在一般环境中迁移行为的整体特征。换句话说,它允许用户根据需求选择 Ⅰ、Ⅱ 和 Ⅲ 级模型模拟各种污染物的环境行为。而且,该模型根据化学物质的不同特性将污染物分为分配在所有环境相中的污染物、不挥发性污染物和不溶于水的污染物 3 类[71]。对于第一类污染物（如六氯苯和 PCBs）和第三类污染物（如长链碳氢化合物、有机硅和聚合物）,模型将选择逸度方法进行归趋行为模拟。第二类化学物质包括阳离子、阴离子和不挥发的有机化合物,其环境行为模拟遵循等价平衡准则。

因此,相比于其他用于非极性有机污染物的模型,EQC 模型的一个重要优点是它适用于更大范围的污染物[71-72],另一个优点是使用简单方便,且能够将污染物的化学性质添加到数据库中。然而,EQC 模型的最大缺陷在于它将整个研究区域视为一个生态均质的环境,没有考虑空间环境的异质性。

（七）TaPL3 模型

TaPL3 模型是基于 EQC 模型的Ⅲ级模式建立的，但不包括大气、水或沉积物埋藏造成的平流损失[73-74]。TaPL3 模型使用的大多数环境参数都是从 EQC 模型库中获得的，它可以计算化学污染物的持久性和特征迁移距离（characteristic travel distance，CTD），包括在土壤和水上方的大气中的 CTD，以及大气下方、沉积物上方的水中的 CTD。此外，它可以修改为仅计算污染物在土壤上方的大气、水上方的大气和海洋上方的大气中的迁移行为。该模型可从与 EQC 模型相同的网站获取。

总之，与其他模型相比，TaPL3 模型能更方便地估算化学污染物的远距离迁移能力和持久性。该模型已应用于计算多种污染物的持久性和 CTDs，从而根据污染物的远距离迁移能力对污染物进行排序和分类[73,75-79]。

（八）CoZMo-POP 模型

CoZMo-POP 模型的建立是为了评估在现有的非稳态Ⅳ级逸度模型中包含冠层的介质如何影响化学污染物的传输行为。该模型首次考虑了由大气沉降速度快和树叶吸收半挥发性有机化学物质（SOCs）的能力大而导致的污染物的高沉积率[80]。CoZMo-POP 模型表明，由于森林土壤是化学物质的一个重要汇，森林冠层的过滤效应对疏水性 SOCs 有显著影响，这取决于将化学物质从气室驱动到森林土壤的效率[80]。

由于季节差异性，森林在春季和夏季吸收的化学物质比冬季的多，这表明增加的森林沉积率可能在 SOCs 的全球分布中起重要作用。然而，该模型的缺陷在于它更适合疏水性 SOCs，并且将土壤简单区分为农业土壤和森林土壤，忽略了草地和建筑用地等其他土地利用类型对化学污染物迁移过程的影响。未来，科研人员可以为不同类型的林冠建立单独的质量平衡方程。

（九）G-CIEMS 模型

G-CIEMS（grid-catchment integrated environmental modeling system）模型是基于地理信息系统（GIS）的具有高空间分辨率及动态地理参照的多介质环境归趋模型[81]。模型公式基于Ⅳ级逸度方法，如式（1-5）所示：

$$\mathrm{d}\boldsymbol{f}/\mathrm{d}t = \boldsymbol{A}\boldsymbol{f} + \boldsymbol{E} \tag{1-5}$$

式中，$\boldsymbol{f}$ 为逸度向量，Pa；t 为时间，h；$\boldsymbol{A}$ 为包含 D 值的矩阵，mol/(h·Pa)；$\boldsymbol{E}$ 为排放向量[81]，mol/h。该模型中，环境介质包括大气、淡水（河流和湖泊）、淡水沉积物、林冠、7 种土地利用类型（水田、农田、灌木地、无植被地、林地、建筑用地和其他土地利用类型）的土壤、海水及海水沉积物。该模型的优点在于它基于不同地理形状介质间的投影面积或长度,整合了多种不同的分区方式[82]。均质大气介质基于网格单元划分,河流介质为线段分区结构,土壤介质则基于流域结构的地理数据划分[81]。因此,该模型更适用于区域尺度或更小尺度,如果应用于较大尺度会导致空间分辨率变得粗糙。与通用模型相比,G-CIEMS 模型可以较明确地给出环境中化学污染物的分布信息[83]。

（十）CHEMGL 模型

最初的 CHEMGL 模型是为整个五大湖地区开发的,用于污染物的风险评估。该模型包含了所有重要的环境相,包括平流层、对流层、空气边界层、地表水及其沉积物、地表土壤、包气土壤、植被叶片、植被植物体和地下水[84]。平流层介质的增加可用来估算现有或新化学污染物的臭氧消耗潜力。此外,CHEMGL模型还可以模拟化学物质是否会在对流层低层或平流层高层积聚[84]。如果一种化学物质在空气边界层积聚,会导致局部环境问题,但如果它在平流层上层积聚,则更有可能引起全球性问题。在植物生长季,不仅植被叶子会降低大气中化学污染物的平均浓度,而且植物根系腐烂会影响表层土壤和包气土壤中污染物的浓度,此外,化学污染物也会渗入地下水带[84]。因此,同时包含了所有环境相的 CHEMGL 模型可能是一种改进模型。与逸度模型类似,CHEMGL 模型中的衰减机制包括平流、反应以及扩散和非扩散的介质间迁移[84-86]。

CHEMGL 模型可以在稳态模式和非稳态模式进行模拟。稳态模式使用下-上-分解(LUD)方法求解线性方程组[87]。非稳态模式由一组常微分方程描述,使用向后微分公式法(Gear's method)求解方程。两种求解方案下的计算机代码都是使用 FORTRAN 语言编写的。

除上述模型外,还有许多其他的基于逸度方法的模型,如 POPsME 模型和POPCYCLING 模型。这两种模型都强调了植被介质对化学污染物归趋过程的潜在影响,最初均应用于区域尺度。POPsME 模型对植被介质进行了细化,将植被分为 4 种类型(农作物、草、针叶植物和落叶植物)[88-89],它证明了针叶植物和落叶植物中的某些污染物(即菲)的浓度存在显著差异[88]。POPCYCLING模型解决了诸如污染物在大气-林冠和林冠-森林土壤等的互相迁移过程。此外,该模型计算了污染物在沉积物和土壤中的垂直迁移,以及在大气中的气/颗粒分配行为[90]。

第二节　其他环境多介质迁移归趋模型

除了第一节叙述的基于逸度的多介质模型外,还有许多其他的被科研人员普遍应用的模型,常用的如 SimpleBox 模型和 ELPOS 模型、MAMI(multimedia activity model for ionics)和 SESAMe(sino evaluative simplebox-MAMI)模型。

一、SimpleBox 模型和 ELPOS 模型

SimpleBox 模型遵循 D. Mackay 提出的"级别(levels)"概念,是一个嵌套的多介质归趋模型,它是欧盟物质评估系统的一部分。SimpleBox 模型的开发工作始于 1982 年,当时最早的版本是"1 级和 2 级"模型。在 1996 年,L. J. Brandes 等开发了非平衡稳态(3 级)和非平衡非稳态(4 级)模型[91]。与基于逸度方法的模型不同,SimpleBox 模型中的质量流动和化学物质的浓度是通过基于浓度的"活塞速度"型传质系数计算的,而不是基于逸度的"电导率"型系数[91]计算的。

与最初的 SimpleBox 1.0 模型相比,SimpleBox 2.0 模型进行了一些改进,其中最主要的改进是增加了更多的介质、与温度相关的化学性质及降解率、与化学反应相关的土壤深度,并将区域尺度嵌套于大陆和全球尺度[91]。在 SimpleBox 2.0 模型中,环境由一组混合均匀的均质介质组成,这些介质用盒子表示,包括大气、淡水、海水、淡水沉积物、3 种土壤(自然土壤、农业土壤和工业/城市土壤)和 2 种植被介质(自然植被和农作物)[91]。当在不同的尺度上进行模拟时,该模型对介质进行了适当的调整。例如,对全球环境建模时,全球环境可表示为 4 个组成部分:大气、水、沉积物和土壤。该模型是在 Windows 系统下的 Microsoft Office Excel 中开发的,模型的电子表格代码可以从美国国家公共卫生与环境研究所(RIVM)获得。

ELPOS 多介质模型是一种稳态(Ⅲ级)盒子模型,由 A. Beyer 和 M. Matthies 在 2002 年建立。ELPOS 模型假设每个介质只有一个盒子,并且没有区分随着空间位置变化的环境属性[92]。因此,该模型的一个显著局限性在于它仅适用于相对较小的尺度,一个盒子的大小为数百至数千千米[93]。此外,科研人员还改进了 ELPOS 模型来区分理想环境条件下具有高远距离迁移能力和低远距离迁移能力的化学污染物,而不是模拟污染物的实际环境浓度[92]。由于 ELPOS 模型易操作,该模型被广泛应用于模拟化学污染物的特征迁移距离、持久性和远距离迁移能力,用于污染物的风险管理和决策支持[79,92,94-97]。

二、MAMI 模型

MAMI 模型是一个动态多介质活度模型,它更适用于中性分子和离子,例如二价酸和碱、两性分子和两性离子[98-99]。该模型中的环境由大气、3 种土壤(自然土壤、农业土壤、其他土壤)、淡水、海水和 2 种沉积物(淡水沉积物、海水

沉积物)组成。在这个模型中,水中化学污染物的活度是参考值,它与污染物在其他环境介质的活度有关。该活度模型的特点是利用环境的 pH 值和离子的高度依赖性,模拟解离以及酸度和盐度对化学污染物迁移归趋行为的影响[98]。

活度表征分子或离子的自由运动,它驱动着分子或离子的扩散过程,并可以描述理想和非理想溶液中带电和不带电物质的热力学平衡过程[98]。它与逸度有很大不同,逸度相当于化学物质施加的分压,描述了物质的“逃逸趋势”,逸度的差异或梯度是物质扩散的驱动力。

化学污染物的活度可由化学势 μ 计算得出,μ 量化了物质的能量状态[98,100-101]:

$$\ln a = \frac{\mu - \mu^0}{RT} \tag{1-6}$$

式中,μ^0 为化学势的参考值,J/mol;R 为摩尔气体常数,取 8.314 Pa·m³/(mol·K);T 为绝对温度,K。对于溶质,其活度可通过水溶液的浓度 C_W 计算:

$$a = \gamma \frac{C_W}{C_{W,ref}} \tag{1-7}$$

式中,γ 表示与理想溶液(即纯水)的偏差;$C_{W,ref}$ 为水溶液浓度的参考值,1 mol/m³ 是溶质的参考值。对于可电离的分子,其中性分子 a_n 和离子 a_i 的活度分别见式(1-8)和式(1-9):

$$a_n = a_t \cdot \varphi_{nw} = \frac{a_t}{1 + 10^{a(p_{pH} - pK_a)}} \tag{1-8}$$

$$a_i = a_t \cdot \varphi_{iw} = a_t - a_n \tag{1-9}$$

式中,对于酸,α 的值为 1;对于碱,α 的值为 -1;a_t 为水中的总活度($a_t = a_n + a_i$);φ_{nw}、φ_{iw} 分别为溶液中中性分子和离子形式的百分数,这取决于溶液的 pH 值(p_{pH})和解离常数(pK_a)[98,101]。当引入活度的概念时,一种化学物质在水中的总浓度可以用中性分子和离子形式的活度系数来表示。那么,达到平衡状态时,化学物质在其他环境介质中的浓度可以通过中性分子和离子形式的活度系数和分配系数以及介质间的传输过程计算。

MAMI 模型描述了环境 pH 值、解离常数、空气湿度、离子强度和海水盐度对化学污染物迁移和归趋行为的影响。与逸度方法相比,MAMI 模型参考的是理想水相,这使得它更适合于不挥发性和可电离的化学物质。然而,该模型的最新版本没有考虑溶解离子在固体表面的影响。此外,该模型也没有考虑离子与其他溶质的相互作用[102]。

三、SESAMe 模型

SESAMe 模型是由 Y. Zhu 等在 2014 年建立的，它结合了 SimpleBox 模型的嵌套结构和 MAMI 模型的理论公式，因此，它适用于可电离和中性的化学物质。该模型可同时在区域和大陆两个空间尺度上运行。每个尺度包括大气、淡水、淡水沉积物、3 种土壤（自然土壤、农业土壤、城市土壤）和 2 种植被（自然植被、农业植被）8 个环境介质[103]。与 MAMI 模型不同，该模型添加了植被介质。另外，该模型假设化学污染物仅在区域范围内释放[103]。

SESAMe v3.0 版本较之前的版本具有更高的空间分辨率，此外，SESAMe v3.0 版本中增加了海水介质，并考虑了温度对污染物降解速率的影响以及灌溉对化学污染物在农业土壤中迁移过程的影响[104]。考虑到淡水 pH 值在空间位置的变化，SESAMe v3.0 更新为 SESAMe v3.3[105]。然而，SESAMe 模型最大的缺点是两个空间尺度没有通过定向平流交换作用连接起来。因此，这些模型无法定向模拟化学污染物如何从一个网格迁移到另一个网格。

第三节　环境多介质模型的特征和适用性

环境多介质模型被广泛使用是由于其以下优点：① 更易于理解、操作和测试；② 建模结果相对更容易解释和分析；③ 运行需要较少的计算工作，例如计算机代码和电源；④ 在调整和改进方面更加灵活[106]。表 1-1 列出了本节提到的上述模型的典型应用及其显著结果。但是，它们也有一些局限性，例如，模型参数是时间和空间上的平均值，因此建模结果在反映环境变化方面的能力有限。

每种多介质归趋模型都有其特点、优势和局限性，详见表 1-2。总体而言，基于逸度的模型更适用于挥发性和半挥发性化学污染物，或可利用等价平衡准则模拟阳离子、阴离子和不挥发化学物质的迁移行为。基于活度的模型适用于中性和可电离分子。然而，基于活度的模型没有考虑离子物质与其他溶质的相互作用，并且在基于活度的模型中，网格之间是通过非定向平流交换连接的，因此它们无法定向模拟化学污染物如何从一个网格迁移到另一个网格[104]。科研人员可以根据化学性质、尺度、分区、划分的环境介质和要解决的科学问题，选择合适的模型或将某些模型的优点整合到重构模型中进行研究。

表 1-1　环境多介质模型的典型应用及其显著结果

模型名称	典型应用及其显著结果	参考文献
逸度模型	污染物在多介质环境中的整体持久性是污染物进入环境的方式与其分配特征的函数	[2]
QWASI(改进版)	使用逸度作为平衡标准不适用于化学污染物,使用等介平衡准则更为可取	[20]
MUM(SO-MUM)	不透水地表是城市环境中有机化学物质(POPs)的重要源汇;薄膜的流失过程增加了 SOCs 在城市环境中的整体流动	[38-46]
BETR(BETR-Urban-Rural)	土壤是持久性有机污染物(POPs)的重要储存库,在 POPs 的全球循环中发挥着关键作用。就 POPs 的化学行为而言,城市和农村地区之间存在很大差异。气候变化对化学物质的浓度分布、迁移通量、迁移量和归趋有显著影响	[48,50,55,107]
Globo-POP	多溴二苯醚在北极地区的相对富集与温度和大气界面的相互作用以及环境介质内的降解过程紧密相关	[79]
ChemRange	只有大气参数对 PBDEs 的 LRTP 有显著影响	[78]
CliMoChem	在低纬度地区,冰雪充当传输介质,从空气中吸收 SOCs,之后在融雪期间将 SOCs 释放到水或土壤中。在高纬度地区,冰雪保护水、土壤和植被被免受化学物质的沉积	[108]
EQC	对新兴化学污染物归趋和暴露的初步评估可以为风险管理提供关键数据。污染物的化学性质和进入环境的方式的差异导致了污染物归趋和暴露评估的巨大差异	[109-110]
G-CIEMS	使用地理坐标建模方法可通过地理分布行为对有显著影响,这种有效应对于目标剂释放到土壤和排放速率的传输进行更准确的暴露估计	[81]
CoZMo-POP	冠层对 SOCs 的整体行为有显著影响,冠层对污染物最为明显	[80]
TaPL3	基于污染物在环境介质中的持久性,污染物的生物富集和生物放大效应以及远距离迁移能力(LRTP),有机磷杀虫剂毒死蜱及其代谢物不会引起《斯德哥尔摩公约》下的持久性有机污染物的分类标准发生改变。特征迁移距离(CTD)与化学污染物之间存在简单关系 $\log K_{OA}$ 约为 $9\sim10$ 和 $\log K_{AW}$ 约为 $-2\sim-3$ 的化学	[73,76]
CHEMGL	美国的工业生产阶段对人类健康的总体风险最大。在 56 种化学物质中,十溴二苯醚对人类的总风险最大	[86]

表 1-1（续）

模型名称	典型应用及其显著结果	参考文献
SimpleBox	根据化学物质的总体持久性（P_{ov}）和远距离迁移能力（LRTP），确定了高关注度化学物质和低关注度化学物质。基于模型对化学物质进行的分类结果并不总是与《斯德哥尔摩公约》提出的单介质半衰期分类结果完全一致	[111]
ELPOS	CTD对温度的依赖性与化学物质的性质高度相关	[92]
MAMI	活度方法可以扩大现有区域多介质模型的适用范围。模型结果表明，解离过程、空气湿度和海水盐度对描述可电离化学物质的传输行为具有重要作用	[98]
SESAMe	一般而言，对于化学物质的 P_{ov}，降水的影响更大；而对于物质的 LRTP，风速的影响更大。环境 pH 值的变化在物质的化学电离过程中起重要作用	[103,105]

表 1-2 环境多介质模型的特点、优势和局限性

模型名称		法则	适用的尺度	适用的化学物质	划分方式	环境介质	参考文献
QWASI(改进版)			湖泊、河流系统	挥发性、半挥发性(不挥发、离子物质)	—	淡水、淡水沉积物、生物群和大气	[18-23]
MUM(SO-MUM)			城市系统	挥发性、半挥发性物质	栅格	大气、土壤、植被、地表水及其沉积物、有机薄膜	[34,38]
BETR(BETR-Urban-Rural)			全球、大陆和区域尺度	挥发性、半挥发性物质	地理、行政区划、栅格或其他	高层大气、低层大气、植被、土壤、淡水、淡水沉积物和海水(城市土壤、农村土壤、低层城市空气、低层农村空气)	[47-48]
Globo-POP			全球尺度	挥发性、半挥发性物质	气候带	大气、水、土壤、沉积物	[59-60]
ChemRange			全球尺度	中度和高度持久性化学物质	圆形块	大气、水、土壤	[63,65]
CliMoChem	逸度方法		全球尺度	挥发性、半挥发性物质	纬度带	大气、水、植被土壤、其他土壤	[67]
EQC			区域尺度	挥发性、半挥发性和不挥发性物质	—	大气、土壤、水、沉积物	[71]
TaPL3			区域尺度	挥发性、半挥发性物质	—	大气、土壤、水、沉积物	[73]
CoZMo-POP			区域尺度	挥发性、半挥发性物质	地理	大气、林区、森林土壤、农业土壤、淡水、海水、淡水沉积物、海水沉积物	[80]
CHEMGL			大陆和区域尺度	挥发性、半挥发性物质	地理	平流层、对流层、大气边界层、地表水及沉积物、地表水土壤、包气土壤、植被叶片、地下水	[84]
G-CIEMS	浓度方法		区域尺度	挥发性、半挥发性物质	合并划分	大气、淡水、海水、淡水沉积物、海水沉积物、7种土壤、淡水沉积物、海水沉积物	[81]
SimpleBox			全球、大陆和区域尺度	挥发性、半挥发性物质	盒子/栅格	大气、淡水、海水、淡水沉积物、海水沉积物、3种土壤、2种植被	[91]

表 1-2(续)

模型名称	法则	适用的尺度	适用的化学物质	划分方式	环境介质	参考文献
ELPOS	浓度方法	大陆尺度	挥发性、半挥发性物质	—	大气、土壤、水、植被、沉积物	[92-93]
MAMI	活度方法	区域尺度、湖泊系统	挥发性、半挥发性和不挥发性物质	—	大气、3 种土壤、淡水、海水、淡水沉积物、海水沉积物	[98]
SESAMe		大陆和区域尺度	挥发性、半挥发性和不挥发性物质	栅格	大气、淡水、淡水沉积物、3 种土壤、2 种植被	[103]

多介质归趋模型在科学决策中具有重要作用,因此必须对模型的模拟结果进行评估后方可应用。一般地,模型评估需通过比较模拟结果与排放和实测数据,并开展敏感性和不确定性分析。当模拟结果与实测数据的范围不一致时,表明模型在模拟真实环境或模型的准确性方面存在不足[112]。这时,可以应用敏感性和不确定性分析方法识别模型模拟的关键参数,从而校准模型。当模型模拟结果与实测数据吻合较好时,表明模型对真实环境的描述相对恰当[113]。

此外,在多介质归趋模型的基础上,可以建立多途径效应暴露模型以协助风险评估,例如 CalTOX[95,114]、EcoRR[115] 和 IMPACT 2002[95,116]。人体暴露模型(例如 CalTOX)首先将模拟的化学污染物水平与环境实测浓度进行比较,然后评估不同食物(即肉类、牛奶、水果、蔬菜、小麦和鸡蛋)中污染物的浓度,最后预测人体摄入量。EcoRR 模型同时考虑了化学污染物的暴露浓度和毒性效应对生态系统的潜在风险,并能够量化和比较不同危险化学物质之间的相对风险[115]。然而,这些模型也有一些局限性。以 CalTOX 模型为例,当在任何环境相中化学物质的浓度超过溶解度极限时,该模型便无法模拟物质的浓度;当化学污染物的浓度可测量时,该模型结果便不能作为替代;该模型不能针对污染物进行详细的暴露评估。

未来,环境多介质归趋模型仍有一些方面需要突破。首先,因为已有的过程描述更适用于中性化学物质,估算可电离物质在环境中的分配系数是未来一个重要的发展方向[113]。尽管已经提出了基于活度的模型,但其准确性需要进一步验证。其次,改进陆地和水生环境中化学物质生物可利用度的模拟至关重要,这是评估环境中化学物质的毒性和暴露风险的关键[117-118]。再次,需在所有时空尺度上进一步改进由可变源和动态环境引起的化学物质的动态迁移和归趋过程模拟,这会影响化学物质的生物可利用度的动态变化[119]。最后,在风险评估中,需要更多地关注化学物质对生态系统结构和功能的暴露和影响,而不仅仅关注物种的毒性[120]。

总之,环境多介质归趋模型是理解环境系统中污染物迁移归趋的重要工具,是评估污染物风险的基本步骤,可作为新的平台(或工具)测试新的假设,例如在化学品获准进入市场之前评估其对生物体可能产生的影响和风险,从而以新颖的视角引领科学探究。此外,这些模型已广泛应用于化学品的控制和管理,对管理者的决策支持非常有益。

第二章　BETR-Urban-Rural 模型的优化方法和过程

本章考虑了城市化过程对 POPs 排放强度和归趋行为的影响,结合土地利用信息,在原有 BETR 模型的基础上,建立了具有空间分辨率的多介质 BETR-Urban-Rural 模型,模拟 POPs 在城市和农村地区的环境行为并探讨其在城市和农村地区的差异性。以环渤海地区苯并芘(BaP)的迁移行为为例,验证了优化的 BETR-Urban-Rural 模型的可靠性。

第一节　优化的 BETR-Urban-Rural 模型的结构框架

在 BETR 模型里,每一个栅格都是由 7 个离散且均匀同质的介质连接在一起组成的系统。这 7 个环境介质包括高层大气、低层大气、植被、土壤、淡水、淡水沉积物和海水。BETR 模型是以逸度概念为基础的污染物归趋模型,将逸度概念应用于污染物归趋行为模拟的更多详细信息可在 D. Mackay 于 2001 年出版的书里查阅到。此模型主要涉及污染物环境行为的 4 个过程:排放、介质间迁移过程、平流过程和降解过程(图 2-1)。

对一个特定区域而言,划分的栅格越多,就需要估计越多越复杂的排放数据和背景信息。因此,在原始的模型框架里,通常以较大的分割距离(如 >10 km×10 km)将一个区域划分为比较少的栅格(<100)应用于国家、省或城市群尺度。然而,将一个栅格里的土壤和大气假设为均质的介质存在一定的缺陷,其模拟结果通常忽略了城市、郊区以及农村地区之间较大的差异性,故常常不能满足风险评价的需要。

图 2-1 展示了优化的 BETR-Urban-Rural 模型的框架结构。在 BETR-Urban-Rural 模型里,为了突出城市和农村之间的差异,每一个栅格的环境被分为 9 个介质,即高层大气、低层城市大气、低层农村大气、植被、淡水、淡水沉积物、城市土壤、农村土壤、海水。在这些过程中,城市大气和农村大气之间的相互作用是最显著且需要认真考虑的。模型优化后,相应地,在栅格内或栅格间的流动传输和质量扩散过程也变得更加复杂。那么,首先需要对 BETR-Urban-

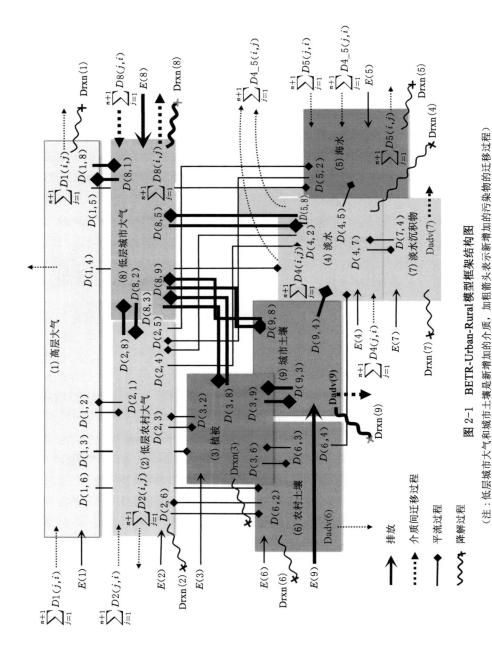

图 2-1　BETR-Urban-Rural模型框架结构图

（注：低层城市大气和城市土壤是新增加的介质，加粗箭头表示新增加的污染物的迁移过程）

Rural 模型里的城市大气和城市土壤介质进行参数化,针对区域特定的环境参数主要包括城市区域面积、城市区域周长、城市-农村大气混合速率、植被覆盖率、城市地区淡水的覆盖比例以及城市大气内颗粒物的比例等。相应地,也需要改变其他参数,如土壤水流失速率、土壤固体流失速率、土壤淋溶速率、土壤中固体的有机碳分数、土壤中水分的体积分数、土壤中空气的体积分数以及土壤中固体的体积分数等的值。

在稳态模拟模式里,环境介质内污染物的排放量估算严重影响着污染物的平流作用、降解过程以及扩散速率等。在原始的 BETR 模型里,化学品被假设直接且全部排入土壤和低层大气中[9]。而在优化的 BETR-Urban-Rural 模型里,分别估算了污染物在城市大气和农村大气、城市土壤和农村土壤内的排放量。另外,大气的平流速率和扩散速率也会影响城市大气和农村大气的交换比例。

第二节　环境因子和污染物归趋行为的优化过程

(一) 城市地区缓冲区范围的确定

模型里每一个栅格内城市地区的界定是非常重要的,这直接影响着城市地区污染物的平均浓度。通常每一个栅格内城市地区的面积可以应用 ArcGIS 通过该地区的土地利用类型图得到,而且根据当地的环境状况、污染物的排放量和排放特征在城市周围设置一定的区域范围作为缓冲区是合理的。识别城市地区和农村地区的差异对缓冲区的设置是非常重要的,这种差异可以用城市和农村地区的浓度比来代表[121]。但是,这种与距离-浓度函数有关的浓度比是离散的,且常常依赖于样点的选择,而使用和距离相关的函数可以更好地描述城乡浓度梯度。图 2-2 表示了大气和土壤中距离-浓度关系的代表性例子,表明距污染源约 2 km 时 PAHs 在土壤中的浓度明显下降,距城市中心约 10 km 时大气中 PAHs 的浓度明显下降。通常地,对于持久性有机污染物如 PAHs、PCBs、PBDEs 而言,城市地区(或农村地区)缓冲区的范围可以设置为 0~2 km。故在本书中,城市地区的缓冲区设置为 2 km。考虑到有些栅格可能没有城市区域,在模型相应的模块里也做了改变,将相应模块里城市区域的面积设置为 0 km² 即可。但是,模型里不允许出现城市大气和城市土壤里,其中一个介质的面积为 0 km² 而另一个不为 0 km² 的情况。

(二) 模型参数的新增与优化

模型参数(包括污染物的物理化学性质、环境参数等)是 BETR-Urban-Rural 模型的一个重要组成部分。除以下提到的参数和过程外,其他参数的确

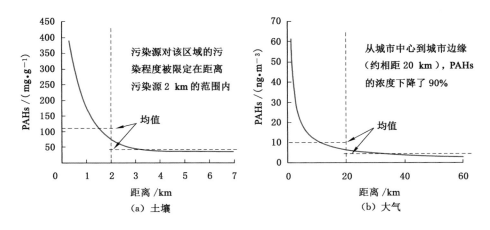

图 2-2　大气和土壤中距离-浓度关系的代表性例子

[图 2-2(a) 表示 PAHs 在表层土壤里的总负荷，作为污染源距离的函数[122]；图 2-2(b) 表示根据线性回归参数应用模型外推得到的 PAHs 在大气中的浓度，0 km 指多伦多市中心[38]。平均值是模型模拟得到的值]

定方法仍沿用刘世杰建立的参数化方法[123]。

逸度容量 Z 表示某一环境相容纳某一特定化学品的能力。本书中，农村大气和农村土壤的逸度容量仍采用原 BETR 模型中的参数和公式，而城市大气和城市土壤中逸度容量的相关参数如下：

低层城市大气：
$$Z(8) = Z_s(8,1) + Z_s(8,2) \times \nu_Q \tag{2-1}$$

气相：
$$Z_s(8,1) = 1/(RT) \tag{2-2}$$

颗粒物：
$$Z_s(8,2) = 10(\log K_{oa} + \log f_{oc} - 11.91) \times Z_s(8,1) \times \rho_Q \times 10^9 \tag{2-3}$$

城市土壤：
$$Z(9) = Z_s(9,1) \times \nu_a + Z_s(9,2) \times \nu_w + Z_s(9,3) \times \nu_s \tag{2-4}$$

气相：
$$Z_s(9,1) = 1/(RT) \tag{2-5}$$

土壤-水：
$$Z_s(9,2) = 1/H = Z_s(9,1)/K_{aw} \tag{2-6}$$

土壤固体：
$$Z_s(9,3) = 0.41 \times K_{ow} \times Z_s(9,2) \times f_{oc} \times \rho_p \tag{2-7}$$

式中，H 为亨利常数；R 为摩尔气体常数，取 8.314 Pa·m³/(mol·K)；T 为绝对温度，K；ρ_Q 和 ρ_p 分别为气溶胶和土壤颗粒物的密度，kg/m³；ν_s 为土壤中固体的体积分数；ν_w 是土壤中水的体积分数；ν_a 为土壤中空气的体积分数；ν_Q 为大气中颗粒物的体积分数；K 为分配系数；K_{oa} 为正辛醇/气分配系数；K_{aw} 为气/水分配系数；K_{ow} 为正辛醇/水分配系数；f_{oc} 表示土壤有机碳分数。

D 值用来量化化学品在 9 个环境介质间的迁移和传输过程。BETR 模型里 7 个环境介质间的迁移 D 值，详见刘世杰于 2014 年发表的文献[123]。本书中，关于城市地区植被的迁移过程采用 I. T. Cousins 和 D. Mackay 于 2001 年发表的修正方法[6]。枯死或腐烂的叶子掉到地上后会形成凋落物，而城市地区的垃圾（包括凋落物）通常会被收集起来并带到垃圾填埋场处理，这种处理方式对于城市地区的化学品而言是一种较永久的去除方式。用 k_{we} 来量化树叶表面的蜡腐烂后从植被到土壤的迁移过程。新增和优化后的介质间的迁移过程 D 值见公式（2-8）～式（2-18）。总的迁移 D 值可由各介质间的迁移 D 值求和得到。9 个环境介质的逸度采用高斯消元法用矩阵代数解析求解（表 2-1）。那么，在计算出各个介质的逸度后，介质中的浓度、污染物的量和迁移速率就可通过间接计算得到。

表 2-1　优化的 BETR-Urban-Rural 模型的质量平衡矩阵代数形式

$f(1)$	$f(2)$	$f(3)$	$f(4)$	$f(5)$	$f(6)$	$f(7)$	$f(8)$	$f(9)$	$E(x)$
$DT(1)$	$-D(2,1)$	$-D(3,1)$	$-D(4,1)$	$-D(5,1)$	$-D(6,1)$	$-D(7,1)$	$-D(8,1)$	$-D(9,1)$	$E(1)$
$-D(1,2)$	$DT(2)$	$-D(3,2)$	$-D(4,2)$	$-D(5,2)$	$-D(6,1)$	$-D(7,2)$	$-D(8,2)$	$-D(9,2)$	$E(2)$
$-D(1,3)$	$-D(2,3)$	$DT(3)$	$-D(4,3)$	$-D(5,3)$	$-D(6,1)$	$-D(7,3)$	$-D(8,3)$	$-D(9,3)$	$E(3)$
$-D(1,4)$	$-D(2,4)$	$-D(3,4)$	$DT(4)$	$-D(5,4)$	$-D(6,1)$	$-D(7,4)$	$-D(8,4)$	$-D(9,4)$	$E(4)$
$-D(1,5)$	$-D(2,5)$	$-D(3,5)$	$-D(4,5)$	$DT(5)$	$-D(6,1)$	$-D(7,5)$	$-D(8,5)$	$-D(9,5)$	$E(5)$
$-D(1,6)$	$-D(2,6)$	$-D(3,6)$	$-D(4,6)$	$-D(5,6)$	$DT(6)$	$-D(7,6)$	$-D(8,6)$	$-D(9,6)$	$E(6)$
$-D(1,7)$	$-D(2,7)$	$-D(3,7)$	$-D(4,7)$	$-D(5,7)$	$-D(6,1)$	$DT(7)$	$-D(8,7)$	$-D(9,7)$	$E(7)$
$-D(1,8)$	$-D(2,8)$	$-D(3,8)$	$-D(4,8)$	$-D(5,8)$	$-D(6,1)$	$-D(7,8)$	$DT(8)$	$-D(9,8)$	$E(8)$
$-D(1,9)$	$-D(2,9)$	$-D(3,9)$	$-D(4,9)$	$-D(5,9)$	$-D(6,1)$	$-D(7,9)$	$-D(8,9)$	$DT(9)$	$E(9)$

注：$f(x)$ 表示污染物在环境介质 x 中的逸度，Pa；$E(x)$ 表示污染物在环境介质 x 中的排放量，mol/h；$DT(x)$ 表示污染物从介质 x 中迁出的总迁移速率，mol/(Pa·h)；$D(x,y)$ 表示从介质 x 到 y 的迁移 D 值，mol/(Pa·h)。

低层城市大气-高层大气：
$$D(8,1) = A(8,1) \times k_{vertmix} \times Z(8) \tag{2-8}$$
低层城市大气-低层农村大气：
$$D(8,2) = A(8,2) \times k_{UrbanAirmix} \times Z(8) \tag{2-9}$$

低层城市大气-淡水：

$$D(8,4)=A(8,4)/\{1/[k_{va}\times Z_s(8,1)]+1/[k_{vw}\times Z_s(4,1)]\}+A(8,4)\times$$
$$U_r\times Z_s(4,1)+A(8,4)\times \nu(8,2)\times Z_s(8,2)\times U_p+A(8,4)\times$$
$$S_r\times \nu(8,2)\times Z_s(8,2)\times U_r \qquad (2\text{-}10)$$

低层城市大气-城市土壤：

$$D(8,9)=A(9)/\{1/[k_{va}\times Z_s(8,1)]+1/[k_{vw}\times Z_s(4,1)]\}+$$
$$A(9)\times U_r\times Z_s(4,1)\times(1-f_w)+A(9)\times \nu(8,2)\times$$
$$Z_s(8,2)\times U_p\times(1-f_w)+A(9)\times S_r\times \nu(8,2)\times$$
$$Z_s(8,2)\times U_r\times(1-f_w) \qquad (2\text{-}11)$$

城市土壤-淡水：

$$D(9,4)=A(9)\times k_{\text{watrunoff}}\times Z_s(9,1)+A(9)\times k_{\text{soilrunoff}}\times Z_s(9,3) \qquad (2\text{-}12)$$

城市土壤-城市植被：

$$D(9,3)=A(9,3)\times L_{\text{LAI}}\times T_{\text{TSCF}}\times k_{\text{vegup}}\times Z_s(9,2) \qquad (2\text{-}13)$$

城市土壤-低层城市大气：

$$D(9,8)=A(9)/\{(1/[k_{va}\times Z_s(8,1)]+1/[k_{vw}\times Z_s(4,1)]\} \qquad (2\text{-}14)$$

低层农村大气-低层城市大气：

$$D(2,8)=A(2)\times k_{\text{UrbanAirmix}}\times Z(2) \qquad (2\text{-}15)$$

低层城市大气-城市植被：

$$D(8,3)=A(8,3)/\{1/[k_{va}\times Z_s(8,1)]+1/[k_{vw}\times Z_s(4,1)]\}+A(8,3)\times$$
$$U_r\times Z_s(8,1)\times L_{\text{LAI}}\times f_w+A(8,3)\times \nu(8,2)\times Z_s(8,2)\times U_p\times f_w+A(8,3)\times$$
$$S_r\times \nu(8,2)\times Z_s(8,2)\times U_r\times f_w \qquad (2\text{-}16)$$

城市植被-城市土壤：

$$D(3,9)=(1-f_w)\times[A(9)\times U_r\times Z_s(4,1)\times(1-f_w)+A(9)\times S_r\times$$
$$\nu(8,2)\times Z_s(8,2)\times U_r\times(1-f_w)]+k_{fl}\times v_f\times Z(3)+A(8,3)\times k_{we}\times Z(3)$$

$$(2\text{-}17)$$

城市植被-低层城市大气：

$$D(3,8)=A(8,3)/\{1/[k_{va}\times Z_s(8,1)]+1/[k_{vw}\times Z_s(8,1)]\} \qquad (2\text{-}18)$$

式(2-8)～式(2-18)中，A 表示介质的表面积，m^2；k 是传质系数 MTC，m/s；k_{va} 表示气侧气/植物传质系数 MTC，m/s；k_{vw} 表示水侧水/植物传质系数 MTC，m/s；$k_{\text{watrunoff}}$ 表示土壤水流失速率，m/s；$k_{\text{soilrunoff}}$ 表示土壤固体流失速率，m/s；k_{vertmix} 表示高层大气和低层大气之间的混合速率，m/s；k_{vegup} 表示植被吸水速率，m/s；$k_{\text{UrbanAirmix}}$ 是城市大气和农村大气之间的混合速率；k_{we} 表示叶片表面蜡腐蚀速率，m/s；k_{fl} 表示叶侧气/植物传质系数 MTC，m/s；ν 指体积分数，$\%$；ν_w 表示水的体积分数，$\%$；v_f 表示叶片的体积分数，$\%$；S_r 表示雨/雪清

除比例;U_r 表示降雨速率,m/h;U_p 表示干沉降速率,m/h;f_w 表示降雨被叶片截留的比例;T_{TSCF} 表示植被蒸腾流浓度因子;L_{LAI} 表示叶面积指数。

在 BETR-Urban-Rural 模型里,区域间高层大气、低层城市大气、低层农村大气、淡水和海水间的流动将单个栅格联系起来,从而驱动污染物在区域间的空间迁移过程,如图 2-1 所示。与 BETR 模型相比,高层大气和海水的驱动过程及其相应的平衡模式没有改变,但是本书由于区分了城市地区和农村地区而使得低层大气和淡水的平衡状态有所改变,分别见式(2-20)和式(2-21)。区域内淡水的流动平衡对于污染物的空间迁移过程起着非常重要的影响作用,尤其是对那些水溶性较高的污染物,如全氟化合物等。

大气平衡方程:

$$\sum_{j=1}^{n+1}(G1(j,i)) = \sum_{j=1}^{n+1}(G1(i,j)) \tag{2-19}$$

$$\sum_{j=1}^{n+1}(G2(j,i)) + \sum_{j=1}^{n+1}(G8(j,i)) = \sum_{j=1}^{n+1}(G2(i,j)) + \sum_{j=1}^{n+1}(G8(i,j)) \tag{2-20}$$

淡水平衡方程:

$$\sum_{j=1}^{n+1}(G4(j,i)) + Rr(4) = \sum_{j=1}^{n+1}(G4(i,j)) + \sum_{j=1}^{n+1}(G4\_5(i,j)) + Ev(4) + Wu(4) \tag{2-21}$$

式中,$G1(j,i)$ 为高层大气从区域 j 到区域 i 的流动速率,m³/h;$G1(i,j)$ 为高层大气从区域 i 到区域 j 的流动速率,m³/h;$G2(j,i)$ 为低层农村大气从区域 j 到区域 i 的流动速率,m³/h;$G2(i,j)$ 为低层农村大气从区域 i 到区域 j 的流动速率,m³/h;$G4(i,j)$ 为淡水从区域 i 到区域 j 的流动速率,m³/h;$G4(j,i)$ 为淡水从区域 j 到区域 i 的流动速率,m³/h;$G4\_5(i,j)$ 为区域 i 的淡水流入区域 j 海水的流动速率,m³/h;$G8(i,j)$ 为低层城市大气从区域 i 到区域 j 的流动速率,m³/h;$G8(j,i)$ 为低层城市大气从区域 j 到区域 i 的流动速率,m³/h;$Rr(4)$ 为区域 i 内的降雨速率和径流速率,m³/h;$Ev(4)$ 为区域 i 内河流的蒸腾速率,m³/h;$Wu(4)$ 为区域 i 内的工农业用水速率,m³/h。

实际环境中城市大气和农村大气之间的交互作用更加复杂。每个栅格内城市大气和农村大气都有不同的分布特征,这直接增加了计算的难度并影响着流动结果。例如,图 2-3 里的 $G(a1,c)$ 和 $G(a2,c)$ 分别表示栅格 i 和栅格 j 内城市大气的流动速率,它们紧密依赖于相应栅格内城市大气的面积、位置、风速以及风向。在 BETR-Urban-Rural 模型里,简化了它们的流动方程和质量平衡方程。假设从栅格 i 流出的速率[图 2-3 里的 $G(a1,c) + G(a2,c)$,m³/s]和各自的体积是呈线性相关关系的,且栅格 j 内所有介质间的流动速率[图 2-3 里的

$G(a1,c)+G(a2,c)$，m^3/s]和其体积也呈线性关系。从栅格i到栅格j的总流动速率见式（2-22）。另外，此优化模型中没有甄别同一个栅格内的不同城市斑块，故将$G(a,x)$代替$G(a1,x)$和$G(a2,x)$的和。栅格i的流出速率包括从城市大气的流出速率$Ga(i,j)$和从农村大气的流出速率$Gb(i,j)$［见式（2-23）］。$G(i,j)$可由平均风速估算得到，污染物从栅格i流出的质量可由式（2-24）计算得到，流动过程的迁移D值可由式（2-24）～式（2-26）计算得到，式（2-27）和式（2-28）里的污染物的逸度值可通过模型里的迭代算法计算得出。流入栅格j的速率的计算方法和从栅格i的流出速率的方法类似。

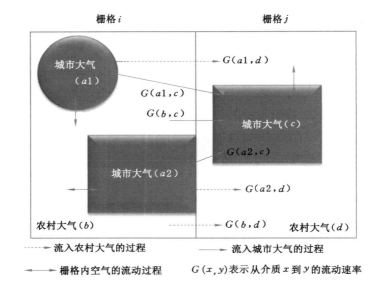

图 2-3　BETR-Urban-Rural 模型中从栅格 i 到栅格 j 的空气流动示意图

$$G(i,j)=G(a1,d)+G(a1,c)+G(b,c)+G(a2,c)+G(a2,d)+G(b,d)$$
$$(2-22)$$

$$G(i,j)=G(a,c)+G(a,d)+G(b,c)+G(b,d)=Ga(i,j)+Gb(i,j)$$
$$(2-23)$$

$$Ea(i,j)+Eb(i,j)=Ga(i,j)\times Z(a,j)\times f(a,j)+Gb(i,j)\times Z(b,i)\times f(b,i)$$
$$(2-24)$$

$$Da(i,j)\times f(a,i)=Ea(i,j)$$
$$(2-25)$$

$$Db(i,j)\times f(b,i)=Eb(i,j)$$
$$(2-26)$$

$$Da(i,j)=Ga(i,j)\times Z(a,i)+Gb(i,j)\times Z(b,i)\times f(b,i)/f(a,i)$$
$$(2-27)$$

$$Db(i,j)=Ga(i,j)\times Z(a,i)\times f(a,i)/f(b,i)+Gb(i,j)\times Z(b,i)$$

$$(2\text{-}28)$$

式中,$Z(x,y)$ 表示栅格 y 里污染物在介质 x 里的逸度容量,$mol/(Pa \cdot m^3)$;$G(i,j)$ 表示栅格 i 到栅格 j 的流动速率,m^3/s;f 表示污染物的逸度,Pa;E 表示排放速率,mol/s。

第三节　BETR-Urban-Rural 模型的应用与精度验证

（一）研究区概况

渤海位于我国华北地区,是我国唯一的内海,其北、西、南三面分别被辽宁省、河北省（天津市）、山东省的陆地所环绕,其东面通过渤海海峡与黄海相通。据估计,渤海的海域面积约为 7.8 万 km^2,其大部分水体较浅且深度低于 30 m,平均深度只有 18 m,是一个典型的陆架浅海[123-124]。

本书中环渤海地区包括部分渤海以及周边省市,由于其地处海岸带地区而成为我国经济社会最繁荣的地区之一。该区域有着丰富的河流水系如辽河、滦河、海河、大凌河、小清河以及黄河等,其入境客水量所占比例较大,其中以黄河为主。然而该地区多年年平均降水量远低于全国平均降水量,总降水量仅仅占全国的 5.2%;且地表水水资源量严重短缺,多年平均的地表水资源量仅占全国的 3.0%,是我国公认的缺水地区。

本书中研究区域为东经 116°至 124°、北纬 36°至 43°之间,包括部分渤海以及山东省、辽宁省、天津市、河北省、北京市的部分地区,区域总面积约为 54 万 km^2。该区域快速的经济社会发展模式导致了日渐增长的能源消耗和污染物排放（如重金属、多环芳烃类、全氟化合物等）,进而引起了一系列生态环境问题,如生境退化、生物多样性减少、重金属污染、持久性有机物污染等。此外,该研究区遍布钢铁制造业、金属电镀业、炼焦产业以及氟化工生产园区等。

基于模型表达和空间传输过程的需要,以 1°×1° 的划分方法将该研究区划分为 56 个栅格[48]。在 BETR-Urban-Rural 模型中,每个栅格单元包括 9 个环境相,即高层大气、低层城市大气、低层农村大气、植被、淡水、淡水沉积物、城市土壤、农村土壤和海水。在模型模拟研究中,高层大气通常被用来模拟污染物在对流层以上的远距离迁移过程,而本书的研究区域较小,故我们忽略了污染物在高层大气的远距离迁移过程,因此本书中每个栅格单元包括除高层大气以外的 8 个环境相。

（二）BaP 的物理化学性质

多环芳烃（PAHs）是一类具有两个或两个以上苯环的有机污染物,这一类污染物因其普遍存在性和对生物的潜在毒性而引起广泛重视。BaP 是 PAHs 中的一种,它已被美国国家环境保护署(U.S.Environmental Protection Agency,USEPA)列为优先控制的污染物。BaP 的物理化学性质如表 2-2 所示。

表 2-2　BaP 的物理化学性质

性质	摩尔质量/(g·mol^{-1})	熔点/℃	溶解度/(g·m^{-3})	蒸气压/Pa
BaP	252.32	175.00	0.001 62	6.52×10^{-7}
性质	log(K_{ow})	log(K_{oa})	$\tau_{1/2}$ LUA/h	$\tau_{1/2}$ LRA /h
BaP	5.95	11.14	170 (100～300)	170 (100～300)
性质	$\tau_{1/2}$ Veg./h	$\tau_{1/2}$ FW./h	$\tau_{1/2}$ CW./h	$\tau_{1/2}$ Sed./h
BaP	170	1 704 (1 000～3 000)	1 704 (1 000～3 000)	55 000 (>30 000)
性质	$\tau_{1/2}$ US./h	$\tau_{1/2}$ RS./h	蒸发焓/(J·mol^{-1})	溶解焓/(J·mol^{-1})
BaP	17 040 (10 000～30 000)	17 040 (10 000～30 000)	118 400	−25 538.713

注:$\tau_{1/2LUA}$表示 BaP 在低层城市大气的半衰期;$\tau_{1/2LRA}$表示 BaP 在低层农村大气的半衰期;$\tau_{1/2Veg.}$表示 BaP 在植被的半衰期;$\tau_{1/2FW.}$表示 BaP 在淡水中的半衰期;$\tau_{1/2CW.}$表示 BaP 在海水中的半衰期;$\tau_{1/2Sed.}$表示 BaP 在淡水沉积物中的半衰期;$\tau_{1/2US.}$表示 BaP 在城市土壤中的半衰期;$\tau_{1/2RS.}$表示 BaP 在农村土壤中的半衰期;溶解焓指物质从正辛醇到水的溶解焓。

（三）环渤海地区 BaP 的排放估算

H.Z.Shen 等[125]将 PAHs 的排放源分成六大类(包括能源生产、工业、交通、商业住宅使用、农业应用和自然排放源),估算了全球 2007 年和 2008 年 PAHs 的排放清单,且数据库的精度为 0.1°×0.1°。本章根据 H.Z.Shen 等[125]建立的 PAHs 的全球排放数据库,将单位面积 BaP 的平均排放量乘以一个栅格的面积,计算得到该栅格 BaP 的排放量,从而估算得到整个环渤海地区 BaP 的排放量。经过计算,我们得到 2008 年研究区 BaP 排入大气中的总量为 213.43 t,其中排入城市大气和农村大气中的量分别为 117.81 t 和 95.62 t。

（四）模型模拟结果验证

将上述估算得到的 BaP 的排放量输入模型后,结合 BETR-Urban-Rural 模型的其他输入参数,可以得到稳态条件下 BaP 在各环境介质中的浓度。模型精度通过比较环渤海地区 BaP 在各环境介质中模拟浓度和实测浓度的差异来评估,其中 BaP 的实测浓度全部来自已发表的文献[126-131],且我们采用 Z 得分法和数据确认法去除了大气、淡水、土壤和淡水沉积物中 BaP 的实测浓度的异常值。不可避免地,许多野外调查研究工作者会特意针对一些污染较重的地方或常受到关注的地方开展研究,而这样的实测浓度往往偏高,故不能正确反映一个区域的平均浓度,所以尽量选取更多的数据进行比较可以提高 BaP 浓度空间分布的准确性进而准确反映模型的可靠性。另外,污染源的类型(点源或面源)也对污染物在环境介质中的分布有重要的影响,因此我们试图确保空间数据的一致性并避免使用单一点源的数据。详细的比较结果见表 2-3。

表 2-3　BETR-Urban-Rural 模型模拟浓度、实测浓度和前期研究结果的对比

城市大气				
栅格	实测浓度 /(ng・m^{-3})	模拟浓度 /(ng・m^{-3})	前期研究结果 /(ng・m^{-3})	相对误差
26	7.43	6.60	1.9	−0.11

淡水				
栅格	实测浓度 /(ng・L^{-1})	模拟浓度 /(ng・L^{-1})	前期研究结果 /(ng・L^{-1})	相对误差
17	11.82	13.00	1.23	0.10
48	8.67	9.39	2.25	0.08

城市土壤				
栅格	实测浓度 /(ng・g^{-1})	模拟浓度 /(ng・g^{-1})	前期研究结果 /(ng・g^{-1})	相对误差
25	44.40	29.27	6.12	−0.35
26	53.00	48.03	3.47	−0.09
27	14.39	17.63	11.79	0.22
28	21.92	21.44	5.76	−0.02
30	16.34	12.86	2.23	−0.21
37	40.51	14.71	3.60	−0.64
38	7.89	12.27	3.31	0.55
39	24.83	21.64	9.13	−0.13
46	16.78	20.13	5.45	0.20

农村土壤				
栅格	实测浓度 /(ng・g^{-1})	模拟浓度 /(ng・g^{-1})	前期研究结果 /(ng・g^{-1})	相对误差
26	16.70	11.85	3.47	−0.29
27	8.00	10.44	11.79	0.3
28	7.82	12.49	5.76	0.6

表 2-3(续)

农村土壤				
栅格	实测浓度 /(ng·g⁻¹)	模拟浓度 /(ng·g⁻¹)	前期研究结果 /(ng·g⁻¹)	相对误差
30	6.59	7.91	2.23	0.2
31	6.88	4.72	3.75	−0.31
32	6.03	8.67	3.77	−0.44
37	15.67	4.40	3.60	−0.72
38	8.53	8.54	3.31	0.00
39	5.06	5.64	9.13	0.11
46	10.98	3.83	5.45	−0.65
淡水沉积物				
栅格	实测浓度 /(ng·g⁻¹)	模拟浓度 /(ng·g⁻¹)	前期研究结果 /(ng·g⁻¹)	相对误差
17	13.93	14.40	8.37	0.03
27	14.77	16.99	27.77	0.15
28	11.13	15.72	17.81	0.41
31	10.66	11.86	9.13	0.11
32	8.88	8.66	4.92	−0.02
37	24.14	12.78	8.81	−0.47
38	16.77	15.86	14.47	−0.05
39	30.12	28.07	23.45	−0.07
46	24.46	20.94	18.64	−0.14

由表 2-3 可看出,对于大多数栅格来说,模型的模拟结果在可接受范围内,模拟浓度与实测浓度的误差在一1 到 1 之间,模型模拟结果具有较高的可信度。只是在少数栅格内实测数据呈现出极不均匀的空间分布特征(如栅格 38)或是缺乏草地、林地的实测数据(如栅格 37)而导致模拟结果与实测数据的差异较大。另外,我们也计算了城市地区和农村地区介质中模拟浓度的中值来验证 BETR-Urban-Rural 模型的精度。BaP 模拟浓度和实测浓度分散在 1∶1 直线附近,表明了 BETR-Urban-Rural 模型的有效性和精确性(图 2-4)。

城市地区缓冲区的设置也会影响土壤中 BaP 的浓度,例如,C. Peng 等研究中土壤的采样点全部位于城市地区而没有样点位于缓冲区[126],根据图 2-2 展示

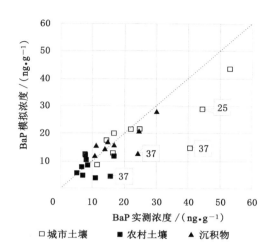

图 2-4 土壤和淡水沉积物中 BaP 模拟浓度和实测浓度中值的比较

(注:图中数字 37 和 25 表示栅格号)

的距离-浓度关系,包含缓冲区区域的浓度模拟值低于实测值的原因显而易见。而且,BaP 浓度的模拟值表示一个子区域的平均浓度,而实测值通常代表一些特定样点的污染状况,这也会导致 BaP 浓度的模拟值和实测值之间的差异。此外,BaP 浓度的模拟值和实测值之间的差异也可以归结为环境的时空变异性,例如栅格 37 和栅格 38 中实测样点的数量不足以代表整个空间区域,这会造成 BaP 浓度的实测值和模拟值之间的较大的误差。具体而言,栅格 37 中林地和草地的面积占整个区域总面积的 30% 左右,但是只有 4 个样点在林地和草地附近。

为了更好地验证优化的 BETR-Urban-Rural 模型的可靠性,我们还将本书中 BaP 的模拟结果和前期 BETR 模型的模拟结果进行了对比。与前期的模拟结果相比,本书的模拟结果区分了城市地区和农村地区 BaP 污染状况的差异,使得各介质中模拟浓度和实测浓度的相对误差变得更小(表 2-3)。据计算,前期研究模拟结果的相对误差是 -37%,而本书中 BETR-Urban-Rural 模型的模拟结果的相对误差只有 -3%。简而言之,BETR-Urban-Rural 模型大大地提高了污染物归趋行为模拟的准确性,尤其是对城乡混合的区域。BETR-Urban-Rural 模型中估算的城市地区 BaP 的排放量能够直接提高城市地区 BaP 浓度的模拟精确度,且城市地区和农村地区不同环境参数(如植被覆盖率)的设置也对 BaP 的归趋过程和行为有着重要影响。

第三章　未来气候变化和排放强度对 PFOS 迁移归趋行为的影响

本章应用 BETR-Urban-Rural 模型探讨未来气候变化和排放强度对环渤海地区 PFOS 迁移过程和归趋行为的影响。气候变化情景参考 Intergovernmental Panel on Climate Change（IPCC）2007 年综合报告里的 3 种气候变化情景模式（B1，A1B，A2），将 21 世纪分为 2016—2035 年、2046—2065 年和 2081—2100 年 3 个时间段，选取的气候变化因子包括温度、降水、风速、土壤碳储量和海平面上升，并且识别影响 PFOS 浓度变化的主导因子，分析气候变化对 PFOS 入海通量和 PFOS 在介质间迁移过程的影响。

第一节　PFOS 的物理化学性质

污染物的物理化学性质直接影响了它在各个环境介质间的分配过程。BETR-Urban-Rural 模型中输入的污染物的物理化学性质主要包括热力学参数（如物质的摩尔质量、沸点等）、相间分配参数（如气-水分配参数 K_{aw}）、动力学参数（如物质在各个介质中的半衰期等）和相变焓（如蒸发焓、溶解焓等）4 类。本章 PFOS 的物理化学性质如表 3-1 所示。

表 3-1　PFOS 的物理化学性质

性质	摩尔质量 /(g·mol^{-1})	熔点/℃	溶解度 /(g·m^{-3})	蒸气压/Pa	log K_{oc}
PFOS	538.54	400.00	519.00	$3.31×10^{-4}$	2.7（淡水） 3.7（海水）

性质	$\tau_{1/2LA}$/h	$\tau_{1/2Soil}$/h	$\tau_{1/2Veg.}$/h	$\tau_{1/2FW.}$/h	$\tau_{1/2CW.}$/h	$\tau_{1/2Sed.}$/h
PFOS	265 500	100 000 000	265 500	5 500 000	5 500 000	17 000 000

表 3-1(续)

性质	蒸发焓/ (J·mol^{-1})	溶解焓/ (J·mol^{-1})		
PFOS	50 000	−20 000		

注：$\tau_{1/2LA}$ 表示 PFOS 在低层大气（包括城市大气和农村大气）的半衰期，h；$\tau_{1/2Soil}$ 表示 PFOS 在土壤（包括城市土壤和农村土壤）的半衰期，h；$\tau_{1/2Veg.}$ 表示 PFOS 在植被中的半衰期，h；$\tau 1/2$ FW. 表示 PFOS 在淡水中的半衰期，h；$\tau_{1/2CW.}$ 表示 PFOS 在海水中的半衰期，h；$\tau_{1/2Sed.}$ 表示 PFOS 在淡水沉积物中的半衰期，h；K_{oc} 表示 PFOS 的土壤（沉积物）分配系数，L/kg；溶解焓指 PFOS 从正辛醇到水的溶解焓[123,132-136]。

第二节　PFOS 排放强度的情景设置

根据 S. W. Xie 等[137-138]提出的估算方法，S. J. Liu 等依据工业企业排放源的位置以及和人口密度、人均可支配收入相关联的 PFOS 生活排放量，估算了环渤海地区 PFOS 排放量的空间分布状况[52]。本章假设 PFOS-substances 排入环境后立即降解为 PFOS 且转换因子为 0.94。作这样的假设是因为 S. J. Liu 等的研究结果表明，研究区内由 PFOS-substances 降解为 PFOS-salts 的量相比 PFOS-salts 的直接排放量小到可以忽略不计[52]。

为了探讨气候变化和排放强度对 PFOS 归趋行为的共同效应，本章设置了 4 种不同的未来排放情景方案。排放情景 1 是一个"最坏情况（worst case）"情景，情景 1 下我们假设 PFOS 的排放强度保持现有排放量不变直至 2100 年。这是因为，自 PFOS 及其相关物质在 2009 年被列入《斯德哥尔摩公约》后，我国也将采取一系列措施来控制 PFOS 的生产量和使用量，近些年来我国 PFOS 及其相关物质的生产量虽稍有波动但保持稳定在 250 t/a。同时，情景 1 也是一个参考情景，便于探究未来气候变化对 PFOS 迁移行为和归趋的净效应。

排放情景 2、3、4 的设置基于如下方案：我国为了履行国际条约和国家的规章制度，将逐步停止生产、使用 PFOS 及其相关物质，且分别在 2030 年、2050 年和 2100 年完全使用替代品。我们假设 PFOS 及其相关物质的生产量和使用量将会从 2017 年开始线性递减至 0。在上述假设下，我们分别计算了 3 种排放情景下未来 3 个时期 PFOS 排入各个介质的排放量，见表 3-2。我国为履行《斯德哥尔摩公约》，自 2014 年开始相继对 PFOS 的生产和应用颁布、规定了一系列的举措，限制了 PFOS 的使用并鼓励 PFOS 替代品和替代技术的开发及应用。然而，我国发布的一系列提案并没有明确规定 PFOS 的豁免期或者淘汰时间，因此，我们设置了

3 种排放情景模式以提供更多的可能性。排放情景的具体内容如下：

表 3-2　不同排放情景下环渤海地区 PFOS 在不同时期的排放量及其介质分布

单位：kg/a

排放量	排放情景 1			排放情景 2		
	2016—2035 年	2046—2065 年	2081—2100 年	2016—2035 年	2046—2065 年	2081—2100 年
城市大气	0.568	0.568	0.568	0.171	0	0
农村大气	0.142	0.142	0.142	0.041	0	0
城市土壤	118.00	118.00	118.00	37.80	0	0
农村土壤	50.50	50.50	50.50	16.20	0	0
淡水	373.00	373.00	373.00	111.00	0	0
排放量	排放情景 3			排放情景 4		
	2016—2035 年	2046—2065 年	2081—2100 年	2016—2035 年	2046—2065 年	2081—2100 年
城市大气	0.342	1.16×10^{-2}	0	0.433	0.256	5.60×10^{-2}
农村大气	0.086	4.99×10^{-3}	0	0.108	0.110	2.40×10^{-2}
城市土壤	75.40	2.57	0	95.50	56.50	12.30
农村土壤	32.30	1.10	0	40.90	24.20	5.29
淡水	247.00	173.00	0	313.00	185.00	40.40

在 PFOS 被停止生产的那一年以及随后几年，PFOS 的排放并不会立即停止，这是因为 PFOS 的二级应用（金属电镀、泡沫灭火器、半导体产业、生活应用）部门会保留一定的产品库存量，从而在使用过程中排放一定量的 PFOS。在 PFOS 所有的应用领域，最坏的一种情况是在产品保质期内产品的库存量是充足的，且在产品过期后产品将立即被处理而不再使用。因此，在产品的保质期内，来自库存的产品将会继续被使用且排放一定量的 PFOS。以泡沫灭火器为例，产品的保质期是 5 a，保质期内来自库存产品的使用而导致的排放量被假设为等同于 PFOS 停止生产那一年该应用领域 PFOS 的排放量。另外，PFOS 的生活使用和工业源的排放有些许差异。在生活排放方面，我们认为生活产品在其使用周期内每年的排放量相同直至被用尽。例如，一条地毯的使用寿命约为 10 a，那么在它被最终处置前，地毯在使用过程中每年的 PFOS 排放量约为总排放量的 1/10[139]。最后，在未来 3 个时期的模拟中，我们采用各个时期 PFOS 的年均排放量作为模型的输入。研究区 4 种排放情景下 PFOS 在不同时期的排放量及其介质分布如表 3-2 所示。

第三节　未来气候变化和城市化情景模式

本章中气候变化情景模式参考 IPCC 2007 年综合报告里的 SRES 情景（SRES B1，A1B 和 A2）[140]。该 SRES 情景重在探索温室气体的替代发展方向，涵盖一系列由人口结构、经济和技术驱动的温室气体的排放情景。SRES 情景不包括在当前气候变化政策之外的其他政策。这些温室气体的排放估算在未来气候变化的评估中被广泛使用，且它们关于社会经济、人口和技术革新的潜在的假设常常被用于评估气候变化的脆弱性和影响[140]。气候变化情景模式 B1 描述了一个趋同的世界，全球人口在 21 世纪中期达到顶峰且伴随着新的有效的技术发展，但经济结构向服务和信息经济的变化更为迅速；气候变化情景模式 A1B 假设了一个经济增长非常迅速的世界；气候变化情景模式 A2 描述了一个人口增长极不均匀的世界，经济发展缓慢，且技术变革也非常缓慢[140]。关于 SRES 情景和气候变化情景模式 B1、A1B 和 A2 的更多介绍见 N. Adger 等在 2007 年发表的报告[140]。结合 BETR-Urban-Rural 模型的环境参数，对每一个气候变化情景模式，模型考虑了温度、降水、海平面上升、土壤碳储量变化和风速气候变化因子的变化，每一个因子具体的变化速率见表 3-3。

一、降水

降水和淡水流量是影响淡水中 PFOS 浓度最敏感的关键参数[52]，且降水能够影响 PFOS 从大气向其他介质的迁移速率。我们从文献的预测图中提取出了研究区 2016—2035 年、2046—2065 年和 2081—2100 年 3 个时期（简称 2035、2065 和 2100，也称为 21 世纪早期、中期和后期）每个栅格的 10 a 平均降水速率[141]。总体上，在 3 种气候变化情景模式下，未来 3 个时期研究区的年降水距平值分别增加（3%～12%）/10 a、（7.5%～18%）/10 a 和（9%～18%）/10 a[141]，具体变化速率见表 3-3。

二、温度

地表温度不仅能够影响 POPs 的湿沉降过程，还会影响各个环境介质的密度、逸度容量等。与降水的提取过程一样，我们提取了研究区未来 3 个时期各个栅格的温度变化速率。同样地，我们发现温度变化的速率随着栅格和气候变化情景模式的不同而变化。总体上，在 3 种气候变化情景模式下，

表 3-3 BETR-Urban-Rural 模型中气候变化因子的变化速率

参数	2016—2035 年			2046—2065 年			2081—2100 年		
	B1	A1B	A2	B1	A1B	A2	B1	A1B	A2
温度/(℃·10 a^{-1})	0.4~0.6	0.4~0.6	0.4~0.6	0.3	0.5	0.4~0.6	0.1~0.2	0.3~0.4	0.5~0.6
降水/(%·10 a^{-1})	3~12	3~6	3	7.5~12	9~18	9~12	9~12	15~18	9~12
海平面上升/m	0.045	0.045	0.045	0.26	0.25	0.30	0.28	0.35	0.37
土壤碳储量/%	5			4			3		
风速/(m·s^{-1})	−0.1~0.1								

备注：每一个栅格的温度，降水和风速的变化速率是不同的，可从文献中的预测图提取获得。

未来 3 个时期研究区的地表温度增加速率分别是（0.4～0.6 ℃)/10 a、(0.3～0.6 ℃)/10 a、(0.1～0.6 ℃)/10 a[141]，具体变化速率见表 3-3。另外，研究区快速的城市化过程对地表气温有着重要影响。通常，城市地区的地表气温会比其周围地区或者农村地区高出几摄氏度，这种现象被称为"城市热岛效应"[142]。因此，在本章，我们用 BETR-Urban-Rural 模型进行模拟的时候考虑了这种效应，将城市地区的地表气温和农村地区的地表气温列为 2 个独立的环境参数，且认为在研究区城市地区的地表气温比农村地区高 2.2 ℃[143]。

三、海平面上升

海平面上升直接影响着海水的深度和体积，从而影响 PFOS 在海水中的浓度。我国海岸带地区的海平面从 1980 年至 2014 年间平均每年上升 3.0 mm。根据 2014 年中国海平面公报的报告结果，我们推断渤海的海平面高度在 21 世纪早期比 2010 年高出 0.045 m，且 3 个气候变化情景模式里均设置为这个速率[144]。21 世纪中期、后期的海平面上升速率参考 IPCC 2007 年综合研究报告里全球海平面上升的数据，认为 3 种气候变化情景模式下 21 世纪中期渤海的海平面高度比 2010 年分别高出 0.26 m、0.25 m、0.30 m，3 种气候变化情景模式下 21 世纪后期渤海的海平面高度比 2010 年分别高出 0.28 m、0.35 m、0.37 m[140]，具体变化速率见表 3-3。

四、土壤碳储量

模型中土壤有机碳分数严重影响着 POPs 的土壤固体/水分配系数 K_{sw}。C. H. Peng 等预测了气候变化下土壤碳储量的变化情况[145]，根据他们的研究结果，我们设定在气候变化情景模式 B1、A1B 和 A2 下，21 世纪早期土壤碳储量比现在增加 5%，21 世纪中期土壤碳储量比现在增加 4%，21 世纪后期土壤碳储量比现在增加 3%。另外，相关研究表明，城市化过程会导致城市建成区的土壤碳储量降低，且我国城市建成区的土壤碳储量比非城市用地如林地、草地等低约 57.76%[146]。

五、风速的变化

风速的变化直接影响着模型中的空气流动矩阵，继而影响 POPs 的空气平流传输。江滢等利用气候变化模型预测我国 21 世纪各地区平均风速的变化情况，结果表明在 3 种气候变化情景 B1、A1B 和 A2 下，我国各地区的平均风速均有少许变化[147]。从整个研究区来看，在 3 种气候变化情景模式下，平均风速的增加速率为—0.1 m/s 到 0.1 m/s 不等。

此外,本章也考虑了 BETR-Urban-Rural 模型中由降水变化导致的地表径流的变化(简称降水-径流关系)。关于这部分内容,本书参考了陈玲飞等利用回归模型建立的降水和径流的拟合关系[148]。快速城市化是我国一个典型的特征,尤其是海岸带地区,而各个栅格内城市用地的覆盖比例是BETR-Urban-Rural模型中的一个极其重要的参数。而基于《世界城市展望2011》的估算结果,我国的城市化速率到 21 世纪早期、中期和后期分别比2010 年增加30.48%、58.45%、70.49%,故本章将基于这些增长速率进行模拟和预测。

第四节　模型输出及结果验证

输入 PFOS 相关排放数据和研究区的环境参数后,在稳态条件下 BETR-Urban-Rural 模型运行 18 次即可得到各排放情景及各气候变化情景模式下平衡状态时 PFOS 的输出结果。相关研究结果表明,海水、淡水、土壤和淡水沉积物是 PFOS 的最主要的 4 个汇,且平衡状态下 PFOS 在大气和植被中的储量低于 1.00%[52]。因此,本章着重分析海水、城市土壤、农村土壤、淡水和淡水沉积物中 PFOS 的浓度以及迁移过程。

首先,通过比较环渤海地区淡水、淡水沉积物、城市土壤和农村土壤中PFOS 的模拟浓度和实测浓度来评估模型的精度。本书从文献中收集了研究区 2009 年至 2011 年间 PFOS 的实测值。通过比较这两个数据集,我们发现,对上述介质而言,模拟浓度和实测浓度的范围基本一致(表3-4)。对大多数样点而言,模拟浓度的最低值略高于实测浓度的最低值,而模拟浓度的最高值略低于实测浓度的最高值。造成这种差异的原因有三点:一是 PFOS 的实测浓度随着采样时间和地点有较大变化,而模拟浓度代表一个栅格的年度平均值[149];二是因为我们估算的 PFOS 的排放量和其实际排放量是不完全相同的;三是模型中的一些参数是不可测的,故我们选取的是模型缺省值或经验值。

表 3-4 环渤海地区 PFOS 在淡水、淡水沉积物、城市土壤和农村土壤中模拟浓度值和实测浓度值的对比

淡水/(ng·L⁻¹)

位置	采样时间	采样点数	实测浓度的范围	参考文献	对应栅格	模拟浓度的范围（本书）
辽河	2009 年	20	n.d.~6.6	[150]	39,46~48,55	1.73~3.88
海河	2010 年	16	2.02~7.62	[151]	26	5.05
大沽排水河	2010 年	8	1.19~72.5	[151]	18	30.26
环渤海南部河流	2011 年	35	0.40~12.78	[152]	3,4,10~13,18,19	1.20~14.98
大凌河	2011 年	26	n.d.~12.58	[153]	38,45,46,54	3.88~9.72

淡水沉积物/(ng·g⁻¹)

位置	采样时间	采样点数	实测浓度的范围	参考文献	对应栅格	模拟浓度的范围（本书）
莱州湾附近河流	2009 年	24	0.02~1.60	[154]	4,11~13	0.18~1.65
辽河	2009 年	14	0.04~0.48	[150]	39,46~48,55	0.08~0.19
海河	2010 年	16	1.76~7.32	[151]	26	2.19
大沽排水河	2010 年	8	0.09~2.25	[151]	18	0.40
海河	2010 年	12	0.29~7.39	[155]	18,26	0.40~2.19
环渤海南部河流	2011 年	35	0.027~0.435	[156]	3,4,10~13,18,19	0.05~0.83
大凌河	2011 年	26	0.350~9.85	[152]	38,45,46,54	0.19~0.48

城市土壤/(ng·g⁻¹)

位置	采样时间	采样点数	实测浓度的范围	参考文献	对应栅格	模拟浓度的范围（本书）
环渤海南部海岸带地区	2011 年	12	0.05~0.18	[157]	3~5,10,11,13,14	0.07~0.46

农村土壤/(ng·g⁻¹)

位置	采样时间	采样点数	实测浓度的范围	参考文献	对应栅格	模拟浓度的范围（本书）
环渤海南部海岸带地区	2011 年	28	n.d.~0.24	[157]	4~6,10~13,15	0.02~0.23

第五节　预测的 PFOS 浓度变化的空间分布特征

一、常量排放情景下 PFOS 浓度变化的空间分布特征

本节我们将分析讨论排放情景 1 下 3 种气候变化情景模式对淡水、海水、城市土壤、农村土壤中 PFOS 浓度的影响,用未来某时期 PFOS 浓度与基准年 2010 年浓度的比值来描述 PFOS 浓度的变化。BETR-Urban-Rural 模型模拟结果显示 3 种气候变化情景模式 B1、A1B 和 A2 下 PFOS 浓度表现出相似的变化趋势,具体结果见表 3-5。排放情景 1 下上述 4 个介质中 PFOS 浓度变化的空间分布特征可参考 C. Su 等的研究[50],以各个介质中 PFOS 浓度在某一特定气候变化情景模式下的变化为例,除去少数栅格外,未来淡水中 PFOS 的浓度大大降低,城市土壤也表现出类似趋势。以栅格 26 为例(包括天津市海河流域的一部分),至 21 世纪早期、中期、后期,气候变化情景模式 B1 下淡水中 PFOS 的浓度比分别为 0.961 6、0.929 4、0.847 2,而城市土壤中 PFOS 的浓度比分别为 0.870 8、0.753 0、0.730 0(表 3-5)。在气候变化情景模式 A1B 和 A2 下,未来 3 个时期淡水中 PFOS 的浓度比分别为 0.941 4、0.884 9、0.832 9 和 0.975 0、0.922 0、0.831 8;而城市土壤中 PFOS 的浓度比分别为 0.869 8、0.751 5、0.728 6 和 0.869 3、0.750 4、0.721 8。

未来 3 个时期淡水和城市土壤中 PFOS 的浓度呈现出急剧下降趋势。淡水中 PFOS 浓度下降的关键原因是未来降雨增加导致淡水流量的巨大增加使得淡水的稀释作用增强,虽然降雨增加也会导致大气、土壤中的 PFOS 通过大气湿沉降、降雨溶解和地表径流作用进入淡水生态系统,相比而言,前者的作用更强。根据降水-径流的回归关系,随着未来降水的增加,淡水河流量迅速增加,尤其是在 21 世纪中期和后期。通过计算得到,在气候变化情景 B1 下,未来 3 个时期河水流量分别增加 5.59%、10.54%和19.15%。另外,由地表气温增加带来的河水温度的增加会降低 PFOS 在淡水中的逸度容量,从而降低 PFOS 的浓度。这个研究结果和欧洲气候变化对 PCB153 归趋传输行为的研究结果类似,均表明气温和降水是影响 POPs 环境行为的主导因子[55]。城市土壤中 PFOS 浓度下降的主要原因和未来城市化速率的加快息息相关,即在常量排放强度下,城市化速率的加快导致城市用地扩张使得城市土壤的体积变大从而使 PFOS 的平均浓度降低。由于地表径流作用,未来降水增加、城市用地的扩张也会使得城市土壤到淡水的迁移通量增加;再者,由气温驱动的蒸腾流浓度因子的增加也会使得城市土壤到植被的迁移通量增加。

表 3-5 4 种排放情景下气候变化对淡水、海水、城市土壤和农村土壤中 PFOS 浓度的影响

淡水

栅格	排放情景 1									排放情景 2								
	B1			A1B			A2			B1			A1B			A2		
	2035/2010	2065/2010	2100/2010	2035/2010	2065/2010	2100/2010	2035/2010	2065/2010	2100/2010	2035/2010	2065/2010	2100/2010	2035/2010	2065/2010	2100/2010	2035/2010	2065/2010	2100/2010
1	0.958 3	0.907 3	0.823 1	0.931 6	0.883 7	0.802 2	0.976 6	0.918 6	0.825 9	0.291 5			0.283 4			0.297 1		
2	0.956 5	0.907 1	0.823 1	0.930 3	0.883 5	0.802 2	0.974 8	0.928 3	0.825 9	0.301 3			0.293 1			0.307 1		
3	0.960 7	0.915 3	0.830 8	0.937 6	0.891 1	0.828 8	0.976 3	0.928 6	0.828 9	0.301 7			0.294 4			0.306 6		
4	0.962 1	0.916 0	0.821 0	0.938 8	0.891 6	0.828 4	0.977 6	0.938 7	0.829 0	0.179 4			0.175 1			0.182 3		
5	0.962 5	0.917 5	0.822 7	0.939 2	0.889 3	0.829 3	0.977 8	0.938 8	0.829 1	0.307 9			0.300 4			0.312 8		
6	0.977 9	0.931 7	0.853 7	0.963 9	0.908 6	0.834 0	0.985 9	0.943 8	0.841 0	0.256 9			0.253 3			0.258 9		
7	0.999 3	1.003 2	0.986 2	0.997 9	0.997 9	0.989 7	0.998 8	0.998 7	0.970 7	0.281 6			0.281 2			0.281 2		
9	0.956 2	0.925 4	0.829 4	0.930 5	0.881 8	0.807 8	0.973 8	0.925 8	0.826 6	0.282 2			0.274 6			0.287 4		
10	0.955 5	0.928 1	0.823 9	0.929 5	0.864 6	0.803 0	0.973 9	0.923 9	0.826 0	0.260 6			0.253 5			0.265 6		
11	0.956 0	0.925 8	0.829 8	0.931 1	0.862 2	0.808 1	0.974 3	0.925 7	0.826 6	0.249 9			0.243 2			0.254 5		
12	0.964 0	0.918 9	0.830 7	0.942 0	0.864 3	0.817 3	0.978 9	0.930 9	0.830 0	0.183 7			0.179 5			0.186 4		
13	0.963 4	0.916 4	0.830 2	0.941 1	0.862 1	0.813 6	0.978 4	0.929 4	0.829 9	0.255 9			0.249 9			0.259 8		
14	0.964 1	0.924 5	0.844 5	0.943 3	0.880 4	0.830 0	0.978 8	0.931 6	0.831 5	0.264 2			0.258 6			0.267 9		
15	0.966 2	0.902 3	0.846 2	0.948 0	0.908 0	0.831 0	0.978 8	0.934 8	0.833 8	0.297 6			0.291 8			0.301 3		
17	0.958 4	0.908 4	0.838 4	0.933 6	0.894 4	0.811 4	0.974 8	0.927 6	0.827 6	0.303 3			0.295 6			0.308 6		
18	0.969 6	0.919 4	0.851 4	0.951 3	0.895 1	0.825 8	0.981 8	0.935 1	0.834 5	0.293 4			0.287 8			0.297 0		

表 3-5（续）

淡水

栅格	排放情景 1									排放情景 2								
	B1			A1B			A2			B1			A1B			A2		
	2035/2010	2065/2010	2100/2010	2035/2010	2065/2010	2100/2010	2035/2010	2065/2010	2100/2010	2035/2010	2065/2010	2100/2010	2035/2010	2065/2010	2100/2010	2035/2010	2065/2010	2100/2010
19	0.958 9	0.925 5	0.828 7	0.934 0	0.882 0	0.800 7	0.977 2	0.925 7	0.826 6	0.217 5			0.212 0			0.221 7		
22	1.002 6	1.017 7	1.005 3	1.001 6	1.012 8	1.008 6	1.000 0	1.012 2	0.988 8	0.346 7			0.346 4			0.345 8		
25	0.951 3	0.914 6	0.826 6	0.927 0	0.871 6	0.821 5	0.968 0	0.916 6	0.827 4	0.318 9			0.310 8			0.324 5		
26	0.961 6	0.929 4	0.847 2	0.941 4	0.884 9	0.832 9	0.975 0	0.922 0	0.831 8	0.321 4			0.314 7			0.325 9		
27	0.969 0	0.926 4	0.842 6	0.949 7	0.901 7	0.845 0	0.981 8	0.923 7	0.833 1	0.328 8			0.322 2			0.333 0		
28	0.970 1	0.927 1	0.848 1	0.951 6	0.912 3	0.847 3	0.981 8	0.934 8	0.834 0	0.329 3			0.323 1			0.333 3		
30	0.978 5	0.930 0	0.850 0	0.962 3	0.914 3	0.841 7	0.987 7	0.939 9	0.839 1	0.328 2			0.322 7			0.331 2		
31	0.967 5	0.927 1	0.834 1	0.946 4	0.882 4	0.825 0	0.981 3	0.931 8	0.831 5	0.324 0			0.316 9			0.328 6		
32	0.963 5	0.909 7	0.845 7	0.939 7	0.895 7	0.822 3	0.979 8	0.928 3	0.828 3	0.312 1			0.304 4			0.317 3		
33	0.958 5	0.901 7	0.840 8	0.934 3	0.887 3	0.818 7	0.975 1	0.927 1	0.827 8	0.332 9			0.324 5			0.338 7		
34	0.965 3	0.926 3	0.845 3	0.943 8	0.871 8	0.824 2	0.979 5	0.920 7	0.830 6	0.329 7			0.322 3			0.334 5		
35	0.964 4	0.922 1	0.842 1	0.942 5	0.887 5	0.824 0	0.978 9	0.920 3	0.830 2	0.329 8			0.322 3			0.334 7		
36	0.963 7	0.919 7	0.841 7	0.941 6	0.885 1	0.823 8	0.978 2	0.920 0	0.830 0	0.330 0			0.322 4			0.334 9		
37	0.962 7	0.914 0	0.837 0	0.940 3	0.889 6	0.823 4	0.977 7	0.924 9	0.829 6	0.327 7			0.320 0			0.332 7		
38	0.959 4	0.902 9	0.832 5	0.934 9	0.879 1	0.822 0	0.975 9	0.927 3	0.828 0	0.324 8			0.316 5			0.330 4		
39	0.963 8	0.917 4	0.836 1	0.938 9	0.873 9	0.811 5	0.971 0	0.926 8	0.827 4	0.314 9			0.306 5			0.320 5		

表 3-5（续）

淡水

栅格	排放情景 1									排放情景 2								
	B1			A1B			A2			B1			A1B			A2		
	2035/2010	2065/2010	2100/2010	2035/2010	2065/2010	2100/2010	2035/2010	2065/2010	2100/2010	2035/2010	2065/2010	2100/2010	2035/2010	2065/2010	2100/2010	2035/2010	2065/2010	2100/2010
40	0.961 4	0.902 1	0.825 0	0.935 2	0.878 4	0.810 4	0.979 8	0.925 3	0.826 1	0.303 3			0.295 1			0.309 2		
41	0.958 8	0.908 0	0.830 2	0.933 2	0.883 9	0.810 9	0.976 5	0.925 9	0.826 7	0.330 8			0.321 9			0.336 9		
42	0.961 1	0.915 8	0.843 0	0.947 1	0.871 3	0.812 1	0.977 3	0.927 3	0.828 1	0.331 5			0.323 2			0.337 1		
43	0.957 0	0.904 3	0.828 3	0.931 4	0.880 4	0.810 7	0.974 7	0.915 7	0.826 4	0.327 5			0.318 7			0.333 5		
44	0.962 3	0.911 6	0.845 6	0.939 6	0.887 6	0.823 2	0.977 3	0.919 3	0.829 4	0.329 1			0.321 4			0.334 3		
45	0.961 0	0.903 2	0.841 2	0.937 5	0.888 5	0.822 7	0.976 6	0.928 6	0.828 7	0.327 4			0.319 4			0.332 7		
46	0.958 4	0.900 4	0.840 4	0.934 0	0.876 0	0.821 9	0.975 4	0.917 2	0.827 8	0.324 7			0.316 4			0.330 4		
47	0.957 7	0.909 6	0.832 7	0.931 6	0.876 1	0.821 1	0.974 6	0.916 6	0.826 9	0.324 7			0.316 1			0.330 7		
48	0.955 8	0.909 8	0.825 2	0.939 1	0.876 3	0.804 0	0.973 4	0.915 4	0.826 1	0.325 3			0.316 5			0.331 6		
49	0.960 4	0.917 4	0.843 4	0.946 3	0.882 3	0.822 1	0.977 0	0.917 0	0.828 1	0.329 9			0.321 7			0.335 7		
50	0.954 5	0.908 5	0.823 9	0.938 2	0.873 5	0.810 2	0.962 6	0.914 2	0.825 9	0.327 8			0.318 7			0.334 0		
51	0.969 8	0.916 8	0.858 0	0.951 1	0.902 1	0.838 2	0.970 2	0.925 2	0.835 0	0.332 3			0.326 1			0.336 1		
52	0.981 3	0.931 9	0.869 4	0.969 9	0.919 5	0.837 0	0.987 0	0.916 0	0.844 8	0.333 2			0.329 4			0.335 1		
53	0.989 5	0.937 2	0.887 2	0.982 5	0.929 5	0.846 4	0.991 4	0.939 4	0.854 8	0.332 6			0.330 3			0.333 2		
54	0.975 0	0.930 3	0.865 3	0.969 3	0.912 3	0.833 8	0.973 4	0.925 4	0.841 0	0.328 9			0.323 5			0.331 7		
55	0.959 8	0.915 3	0.845 3	0.945 2	0.891 6	0.822 0	0.966 0	0.927 0	0.828 3	0.322 0			0.313 8			0.327 4		
56	0.957 8	0.917 1	0.830 0	0.942 0	0.883 3	0.810 9	0.965 1	0.925 1	0.826 6	0.322 2			0.313 5			0.328 0		

表 3-5（续）

淡水

栅格	排放情景 3									排放情景 4								
	B1			A1B			A2			B1			A1B			A2		
	2035/2010	2065/2010	2100/2010	2035/2010	2065/2010	2100/2010	2035/2010	2065/2010	2100/2010	2035/2010	2065/2010	2100/2010	2035/2010	2065/2010	2100/2010	2035/2010	2065/2010	2100/2010
1	0.662 3	0.532 4		0.643 9	0.512 4		0.675 0	0.502 4		0.838 5	0.469 6	0.095 6	0.815 2	0.421 4	0.092 9	0.854 6	0.423 2	0.092 9
2	0.661 1	0.399 5		0.643 0	0.389 5		0.673 7	0.394 7		0.836 9	0.468 9	0.095 5	0.814 0	0.421 4	0.092 9	0.852 9	0.423 2	0.092 9
3	0.652 3	0.363 9		0.636 6	0.353 9		0.662 9	0.360 9		0.825 8	0.466 3	0.095 3	0.805 9	0.423 0	0.095 3	0.839 2	0.424 7	0.093 2
4	0.415 0	0.395 9		0.405 1	0.375 9		0.421 6	0.394 9		0.019 4	0.296 9	0.061 0	0.512 8	0.246 8	0.063 0	0.533 8	0.283 8	0.060 6
5	0.648 7	0.234 1		0.632 9	0.214 1		0.659 2	0.224 1		0.821 0	0.463 8	0.095 1	0.801 3	0.422 8	0.095 2	0.834 3	0.463 0	0.093 2
6	0.675 4	1.072 5		0.665 7	1.082 5		0.680 8	1.074 7		0.855 0	0.493 6	0.103 4	0.842 8	0.430 5	0.103 8	0.861 9	0.492 5	0.104 6
7	0.690 6	0.909 9		0.689 6	0.908 7		0.689 7	0.907 2		0.874 7	0.519 4	0.111 5	0.873 0	0.451 6	0.111 9	0.873 1	0.517 0	0.109 8
9	0.660 9	0.656 4		0.643 2	0.626 4		0.673 1	0.653 7		0.836 6	0.469 6	0.095 8	0.814 0	0.421 8	0.093 5	0.852 0	0.465 0	0.093 0
10	0.660 5	0.946 8		0.642 5	0.916 8		0.672 9	0.940 8		0.836 2	0.468 2	0.095 5	0.813 3	0.421 3	0.093 0	0.852 1	0.467 0	0.092 9
11	0.659 8	1.092 9		0.642 2	1.052 9		0.672 2	1.062 9		0.835 3	0.468 0	0.095 7	0.813 0	0.421 0	0.093 5	0.850 7	0.462 0	0.093 0
12	0.433 8	0.463 6		0.423 8	0.435 6		0.440 4	0.453 6		0.549 2	0.311 5	0.064 0	0.536 6	0.315 7	0.061 8	0.557 5	0.316 6	0.062 2
13	0.665 0	1.029 8		0.649 7	1.027 7		0.675 4	1.029 6		0.841 9	0.476 5	0.098 1	0.822 5	0.423 8	0.096 6	0.855 0	0.457 3	0.093 4
14	0.665 9	0.869 4		0.651 5	0.835 0		0.675 5	0.850 3		0.843 0	0.478 3	0.098 7	0.824 8	0.424 7	0.098 3	0.855 1	0.466 3	0.093 6
15	0.668 1	0.408 8		0.655 1	0.407 8		0.676 3	0.404 2		0.845 8	0.482 5	0.099 8	0.829 3	0.426 3	0.090 6	0.856 2	0.481 3	0.093 8
17	0.661 2	0.351 5		0.644 3	0.314 9		0.672 8	0.349 0		0.837 0	0.471 7	0.096 4	0.815 7	0.422 5	0.094 4	0.851 7	0.470 0	0.093 1
18	0.668 6	0.524 8		0.655 9	0.504 8		0.677 0	0.501 2		0.846 4	0.483 7	0.100 4	0.830 4	0.466 1	0.103 1	0.857 0	0.484 3	0.103 9

表 3-5（续）

淡水

栅格	排放情景 3 B1 2035/2010	B1 2065/2010	B1 2100/2010	排放情景 3 A1B 2035/2010	A1B 2065/2010	A1B 2100/2010	排放情景 3 A2 2035/2010	A2 2065/2010	A2 2100/2010	排放情景 4 B1 2035/2010	B1 2065/2010	B1 2100/2010	排放情景 4 A1B 2035/2010	A1B 2065/2010	A1B 2100/2010	排放情景 4 A2 2035/2010	A2 2065/2010	A2 2100/2010
19	0.662 5	1.546 9		0.645 3	1.468 6		0.675 2	1.477 7		0.838 7	0.472 9	0.096 7	0.817 0	0.421 7	0.093 4	0.854 7	0.465 0	0.093 0
22	0.692 8	0.034 9		0.692 1	0.033 9		0.691 0	0.039 5		0.877 0	0.523 3	0.112 6	0.876 2	0.524 3	0.114 0	0.874 8	0.524 3	0.111 8
25	0.643 1	0.048 8		0.626 6	0.047 6		0.654 3	0.047 9		0.814 1	0.458 1	0.093 7	0.793 3	0.421 8	0.093 8	0.828 3	0.460 3	0.093 0
26	0.652 1	0.058 7		0.638 5	0.057 1		0.661 2	0.057 9		0.825 6	0.469 5	0.096 9	0.808 3	0.465 0	0.098 1	0.837 0	0.464 4	0.093 5
27	0.669 7	0.057 4		0.656 4	0.057 1		0.678 3	0.056 3		0.817 8	0.483 5	0.100 0	0.830 9	0.459 8	0.103 0	0.858 6	0.478 2	0.103 8
28	0.670 5	0.054 6		0.657 7	0.054 7		0.678 6	0.055 8		0.848 8	0.484 9	0.100 4	0.832 6	0.465 3	0.103 1	0.859 0	0.483 7	0.103 9
30	0.676 2	0.109 9		0.665 0	0.109 4		0.682 5	0.109 8		0.856 1	0.492 5	0.102 7	0.841 9	0.492 2	0.103 6	0.864 1	0.490 3	0.104 4
31	0.668 7	0.119 9		0.654 1	0.119 9		0.678 1	0.119 7		0.846 5	0.481 5	0.099 2	0.828 3	0.469 8	0.098 3	0.858 5	0.468 2	0.093 6
32	0.665 9	0.297 4		0.649 5	0.273 8		0.677 2	0.298 3		0.813 0	0.476 6	0.097 6	0.822 2	0.430 2	0.095 2	0.857 3	0.479 1	0.093 2
33	0.662 5	0.043 9		0.645 8	0.043 4		0.674 0	0.048 4		0.838 7	0.472 5	0.096 7	3.329 3	0.467 5	0.094 7	0.853 2	0.474 0	0.093 2
34	0.667 2	0.071 7		0.652 3	0.070 7		0.677 9	0.072 9		0.814 6	0.479 3	0.098 5	0.824 7	0.442 2	0.097 4	0.857 1	0.462 6	0.093 4
35	0.666 6	0.058 0		0.651 4	0.056 0		0.676 5	0.057 4		0.843 8	0.478 0	0.098 3	0.823 9	0.442 1	0.097 1	0.856 1	0.460 4	0.093 4
36	0.666 1	0.051 2		0.650 8	0.051 9		0.675 7	0.050 5		0.843 2	0.477 2	0.098 0	0.822 7	0.440 8	0.096 9	0.855 9	0.459 2	0.093 4
37	0.665 4	0.057 7		0.649 9	0.053 7		0.674 5	0.057 1		0.842 4	0.476 3	0.097 8	0.818 4	0.438 0	0.096 5	0.855 4	0.463 3	0.093 4
38	0.663 1	0.096 5		0.646 2	0.094 2		0.674 5	0.096 4		0.839 4	0.472 4	0.096 7	0.820 9	0.457 4	0.094 9	0.853 5	0.455 2	0.093 2
39	0.666 2	0.252 6		0.648 4	0.225 9		0.678 1	0.246 5		0.843 3	0.476 4	0.097 3	0.820 9	0.442 2	0.094 3	0.858 5	0.450 2	0.093 1

表 3-5（续）

淡水

栅格	排放情景 3 B1 2035/2010	B1 2065/2010	B1 2100/2010	A1B 2035/2010	A1B 2065/2010	A1B 2100/2010	A2 2035/2010	A2 2065/2010	A2 2100/2010	排放情景 4 B1 2035/2010	B1 2065/2010	B1 2100/2010	A1B 2035/2010	A1B 2065/2010	A1B 2100/2010	A2 2035/2010	A2 2065/2010	A2 2100/2010
40	0.664 5	0.401 3		0.646 4	0.391 3		0.677 2	0.400 4		0.841 2	0.473 7	0.096 4	0.818 3	0.467 0	0.093 0	0.857 4	0.461 0	0.093 0
41	0.662 7	0.036 1		0.645 0	0.031 1		0.674 9	0.035 9		0.838 9	0.471 2	0.096 0	0.816 5	0.459 5	0.093 6	0.854 4	0.476 0	0.093 0
42	0.664 3	0.034 3		0.647 7	0.033 2		0.675 5	0.034 8		0.841 0	0.474 0	0.096 9	0.819 9	0.458 5	0.095 0	0.855 2	0.468 0	0.093 2
43	0.661 5	0.056 9		0.643 7	0.052 1		0.673 7	0.052 9		0.837 0	0.469 7	0.095 7	0.814 9	0.447 8	0.093 4	0.852 9	0.458 0	0.093 0
44	0.665 1	0.057 5		0.649 4	0.054 9		0.675 5	0.056 5		0.842 0	0.475 8	0.097 6	0.822 2	0.468 0	0.096 3	0.855 2	0.450 0	0.093 3
45	0.664 2	0.067 0		0.648 0	0.060 1		0.675 0	0.067 5		0.840 8	0.474 4	0.097 2	0.820 2	0.450 0	0.095 6	0.854 5	0.450 7	0.093 3
46	0.662 6	0.095 3		0.645 6	0.092 6		0.674 2	0.093 3		0.838 9	0.472 1	0.096 5	0.817 3	0.461 0	0.094 8	0.853 5	0.464 0	0.093 1
47	0.661 5	0.098 9		0.643 9	0.093 9		0.673 6	0.096 2		0.837 5	0.470 5	0.096 0	0.815 0	0.460 0	0.093 9	0.852 8	0.470 0	0.093 1
48	0.660 2	0.071 4		0.642 2	0.070 4		0.672 8	0.073 6		0.835 8	0.468 8	0.095 6	0.813 0	0.456 0	0.093 1	0.851 7	0.460 0	0.093 0
49	0.663 7	0.052 9		0.647 3	0.050 5		0.675 2	0.052 0		0.840 2	0.474 1	0.096 7	0.819 3	0.459 0	0.095 0	0.854 8	0.472 0	0.093 2
50	0.659 8	0.055 7		0.641 6	0.051 3		0.672 2	0.051 2		0.835 2	0.469 1	0.095 1	0.812 2	0.454 1	0.092 9	0.851 0	0.462 1	0.092 9
51	0.669 8	0.062 8		0.657 4	0.060 5		0.677 5	0.061 4		0.847 9	0.484 0	0.100 4	0.832 2	0.470 5	0.103 2	0.857 7	0.488 7	0.104 0
52	0.678 2	0.092 1		0.670 3	0.091 1		0.682 2	0.092 0		0.858 6	0.498 1	0.104 6	0.848 6	0.460 0	0.104 2	0.863 6	0.483 4	0.105 1
53	0.683 9	0.133 6		0.679 1	0.130 3		0.685 2	0.132 6		0.865 8	0.507 6	0.107 6	0.859 7	0.497 5	0.105 3	0.867 5	0.493 4	0.106 2
54	0.674 0	0.124 1		0.663 1	0.114 2		0.679 7	0.120 1		0.853 2	0.491 0	0.102 4	0.839 4	0.470 0	0.103 8	0.860 5	0.489 0	0.104 6
55	0.663 4	0.157 4		0.646 4	0.153 6		0.674 6	0.154 6		0.839 8	0.472 7	0.096 7	0.818 3	0.470 0	0.095 2	0.854 4	0.467 3	0.095 3
56	0.662 0	0.148 7		0.644 2	0.143 9		0.674 0	0.147 4		0.838 1	0.470 3	0.095 9	0.815 5	0.449 2	0.093 6	0.853 3	0.473 3	0.093 0

表 3-5（续）

海水

栅格	排放情景 1									排放情景 2								
	B1			A1B			A2			B1			A1B			A2		
	2035/2010	2065/2010	2100/2010	2035/2010	2065/2010	2100/2010	2035/2010	2065/2010	2100/2010	2035/2010	2065/2010	2100/2010	2035/2010	2065/2010	2100/2010	2035/2010	2065/2010	2100/2010
5	1.011 0	1.020 6	1.028 2	1.014 8	1.025 8	1.027 1	1.007 6	1.026 4	1.024 9	0.323 4			0.324 6			0.322 4		
6	1.011 9	1.022 2	1.032 7	1.016 4	1.027 4	1.038 0	1.008 2	1.027 3	1.032 5	0.320 0			0.321 4			0.318 9		
7	1.011 8	1.022 6	1.032 2	1.016 3	1.024 9	1.037 0	1.008 2	1.021 9	1.031 7	0.320 0			0.321 3			0.318 9		
8	1.011 8	1.022 6	1.032 2	1.016 3	1.024 8	1.036 8	1.008 2	1.021 7	1.031 5	0.320 0			0.321 3			0.318 9		
11	1.004 3	1.007 4	1.010 3	1.005 3	1.009 8	1.010 7	1.003 2	1.008 2	1.014 6	0.262 3			0.262 6			0.262 0		
12	1.007 3	1.016 3	1.018 3	1.009 9	1.014 3	1.018 1	1.004 1	1.012 9	1.012 0	0.253 5			0.254 2			0.252 7		
13	1.007 4	1.017 2	1.018 9	1.010 3	1.014 3	1.016 1	1.004 0	1.012 9	1.017 7	0.257 5			0.258 3			0.256 6		
14	1.007 6	1.018 0	1.019 6	1.010 7	1.016 0	1.014 0	1.004 7	1.012 9	1.010 6	0.259 6			0.260 4			0.258 6		
15	1.007 8	1.018 2	1.020 2	1.010 9	1.016 8	1.025 5	1.004 5	1.010 5	1.025 6	0.261 4			0.262 3			0.260 4		
16	1.009 0	1.019 6	1.023 9	1.012 6	1.015 6	1.028 4	1.005 8	1.011 7	1.020 0	0.280 0			0.281 1			0.279 0		
18	1.012 8	1.034 9	1.040 0	1.020 0	1.032 5	1.046 0	1.005 8	1.030 9	1.041 9	0.322 3			0.324 6			0.320 1		
19	1.010 4	1.029 9	1.037 0	1.017 7	1.026 3	1.032 3	1.004 3	1.022 6	1.032 8	0.327 4			0.329 8			0.325 4		
20	1.010 8	1.029 4	1.039 4	1.018 5	1.025 7	1.039 8	1.005 1	1.022 0	1.034 0	0.328 7			0.331 1			0.326 8		
21	1.010 4	1.028 6	1.038 6	1.018 2	1.023 0	1.034 8	1.005 0	1.019 5	1.039 8	0.328 4			0.330 9			0.326 6		
22	1.010 1	1.025 6	1.039 3	1.018 2	1.024 0	1.039 2	1.005 7	1.021 4	1.030 9	0.329 1			0.331 7			0.327 6		
23	1.008 3	1.019 7	1.024 6	1.012 7	1.015 6	1.020 6	1.004 6	1.010 8	1.029 6	0.278 3			0.279 6			0.277 3		

表 3-5（续）

海水

| 栅格 | 排放情景 1 | | | | | | | | | 排放情景 2 | | | | | | | | |
| | B1 | | | A1B | | | A2 | | | B1 | | | A1B | | | A2 | | |
	2035/2010	2065/2010	2100/2010	2035/2010	2065/2010	2100/2010	2035/2010	2065/2010	2100/2010	2035/2010	2065/2010	2100/2010	2035/2010	2065/2010	2100/2010	2035/2010	2065/2010	2100/2010
24	1.008 5	1.019 6	1.024 3	1.012 7	1.012 0	1.026 2	1.005 0	1.010 7	1.026 1	0.278 9			0.280 1			0.277 9		
26	1.008 7	1.025 8	1.034	1.015 4	1.021 4	1.039 5	1.002 9	1.018 8	1.035 9	0.337 2			0.339 4			0.335 2		
27	1.009 8	1.027 4	1.036 2	1.016 6	1.025 6	1.035 3	1.003 9	1.022 9	1.031 9	0.337 9			0.340 2			0.335 9		
28	1.012 1	1.028 9	1.042 9	1.020 3	1.027 0	1.044 8	1.006 8	1.025 9	1.044 5	0.334 4			0.337 1			0.332 6		
29	1.009 3	1.024 4	1.036 3	1.017 0	1.020 6	1.036 1	1.004 6	1.017 8	1.036 4	0.329 6			0.332 1			0.328 1		
30	1.002 3	1.034 2	1.038 6	1.001 9	1.030 4	1.033 3	0.986 4	1.027 9	1.030 9	0.336 6			0.336 5			0.331 3		
31	1.015 5	1.029 6	1.044 6	1.022 1	1.029 0	1.045 3	1.011 3	1.017 6	1.039 2	0.340 0			0.342 2			0.338 6		
32	1.010 5	1.021 8	1.029 3	1.015 4	1.019 8	1.025 4	1.007 5	1.018 0	1.029 7	0.302 7			0.303 7			0.301 3		
36	0.993 1	1.010 5	0.991 5	0.999 5	1.009 5	0.993 2	0.996 2	1.008 5	0.990 5	0.339 2			0.341 7			0.340 5		
37	1.010 8	1.020 5	1.030	1.015 8	1.018 5	1.033 0	1.007 5	1.015 6	1.039 4	0.344 0			0.345 7			0.342 8		
38	1.006 8	1.011 8	1.017	1.012 4	1.012 0	1.012 0	1.004 9	1.010 4	1.011 9	0.340 7			0.341 6			0.340 1		
39	0.992 8	1.025 3	0.929 3	0.972 7	1.021 4	0.931 1	0.969 8	1.020 3	0.933 2	0.326 3			0.319 7			0.318 7		

表 3-5（续）

海水

栅格	排放情景 3									排放情景 4								
	B1			A1B			A2			B1			A1B			A2		
	2035/2010	2065/2010	2100/2010	2035/2010	2065/2010	2100/2010	2035/2010	2065/2010	2100/2010	2035/2010	2065/2010	2100/2010	2035/2010	2065/2010	2100/2010	2035/2010	2065/2010	2100/2010
5	0.681 3	0.284 1		0.683 8	0.287 4		0.679 0	0.285 2		0.862 5	0.552 8	0.125 7	0.865 6	0.557 2	0.126 2	0.859 6	0.554 4	0.124 9
6	0.682 9	0.360 2		0.685 9	0.366 3		0.680 4	0.362 3		0.864 5	0.562 4	0.129 3	0.868 3	0.568 4	0.129 9	0.861 4	0.564 4	0.128 2
7	0.682 8	0.359 9		0.685 8	0.366 0		0.680 4	0.362 0		0.864 4	0.562 1	0.129 2	0.868 2	0.568 2	0.129 8	0.861 3	0.564 1	0.128 1
8	0.682 8	0.359 8		0.685 8	0.366 0		0.680 4	0.362 0		0.864 4	0.562 0	0.129 2	0.868 2	0.568 1	0.129 8	0.861 3	0.564 1	0.128 1
11	0.692 6	1.228 6		0.693 3	1.229 3		0.691 9	1.228 8		0.876 8	0.531 1	0.117 1	0.877 7	0.532 0	0.117 3	0.875 9	0.531 2	0.116 7
12	0.627 7	0.899 1		0.629 2	0.901 2		0.625 9	0.899 0		0.794 6	0.501 6	0.112 9	0.796 6	0.504 3	0.113 4	0.792 4	0.501 9	0.111 8
13	0.631 3	0.867 2		0.633 0	0.869 1		0.629 4	0.866 0		0.799 2	0.507 3	0.114 4	0.801 4	0.510 2	0.115 0	0.796 7	0.507 6	0.113 1
14	0.636 2	0.871 7		0.638 1	0.874 0		0.634 0	0.871 4		0.805 4	0.514 2	0.116 2	0.807 8	0.517 7	0.116 8	0.802 7	0.514 4	0.114 8
15	0.637 6	0.856 3		0.639 5	0.858 7		0.635 5	0.856 1		0.807 2	0.515 1	0.116 6	0.809 6	0.518 7	0.117 2	0.804 5	0.515 8	0.115 1
16	0.652 0	0.698 2		0.654 3	0.701 8		0.649 8	0.698 8		0.825 4	0.530 1	0.120 6	0.828 3	0.534 2	0.121 2	0.822 6	0.531 2	0.119 2
18	0.692 7	0.379 1		0.697 7	0.385 3		0.687 9	0.380 4		0.876 9	0.615 6	0.145 7	0.883 2	0.624 9	0.147 3	0.870 8	0.617 0	0.141 9
19	0.689 5	0.263 5		0.693 9	0.267 2		0.684 8	0.264 3		0.872 2	0.602 8	0.141 8	0.878 5	0.611 5	0.143 1	0.866 9	0.604 3	0.138 7
20	0.689 7	0.246 4		0.694 9	0.250 1		0.685 8	0.247 5		0.873 2	0.602 2	0.141 8	0.879 7	0.611 5	0.143 0	0.868 2	0.604 5	0.139 0
21	0.689 3	0.246 8		0.694 6	0.250 6		0.685 6	0.248 2		0.872 7	0.600 5	0.141 3	0.879 4	0.610 6	0.142 4	0.867 9	0.603 1	0.138 5
22	0.689 6	0.237 4		0.695 1	0.241 5		0.686 6	0.239 2		0.873 1	0.595 8	0.139 9	0.880 1	0.606 2	0.140 8	0.869 2	0.599 2	0.137 6
23	0.650 7	0.701 3		0.653 5	0.704 0		0.648 4	0.701 6		0.823 7	0.533 8	0.121 8	0.827 3	0.539 3	0.122 4	0.820 9	0.535 2	0.120 2

表 3-5（续）

海水

| 排格 | 排放情景 3 | | | | | | | | | 排放情景 4 | | | | | | | | |
| | B1 | | | A1B | | | A2 | | | B1 | | | A1B | | | A2 | | |
	2035/2010	2065/2010	2100/2010	2035/2010	2065/2010	2100/2010	2035/2010	2065/2010	2100/2010	2035/2010	2065/2010	2100/2010	2035/2010	2065/2010	2100/2010	2035/2010	2065/2010	2100/2010
24	0.651 1	0.699 7		0.653 8	0.702 7		0.648 9	0.700 0		0.824 2	0.532 5	0.121 4	0.827 6	0.537 5	0.122 5	0.821 4	0.533 4	0.119 9
26	0.684 1	0.074 3		0.688 6	0.075 4		0.680 1	0.074 5		0.866 0	0.592 3	0.138 7	0.871 8	0.600 5	0.139 8	0.861 0	0.594 0	0.136 1
27	0.686 1	0.076 1		0.690 8	0.077 2		0.682 1	0.076 4		0.868 6	0.595 4	0.139 6	0.874 5	0.603 8	0.140 7	0.863 5	0.597 3	0.137 0
28	0.693 7	0.181 8		0.699 4	0.184 9		0.690 1	0.183 1		0.878 3	0.605 6	0.143 2	0.885 4	0.616 2	0.144 2	0.873 6	0.609 2	0.140 8
29	0.689 5	0.227 9		0.694 8	0.231 6		0.686 2	0.229 4		0.872 8	0.594 7	0.139 6	0.879 5	0.604 5	0.140 5	0.868 7	0.597 9	0.137 1
30	0.691 5	0.144 0		0.691 3	0.142 3		0.680 6	0.140 8		0.875 5	0.607 3	0.134 6	0.875 2	0.599 9	0.138 1	0.861 6	0.593 4	0.123 2
31	0.701 8	0.150 4		0.706 4	0.152 8		0.698 9	0.151 3		0.888 8	0.595 8	0.139 0	0.894 7	0.605 3	0.139 7	0.884 7	0.599 4	0.137 9
32	0.671 8	0.506 2		0.675 1	0.509 1		0.669 8	0.506 9		0.850 4	0.549 2	0.125 2	0.854 6	0.555 5	0.125 6	0.848 0	0.551 6	0.123 9
36	0.683 5	0.051 2		0.687 9	0.052 9		0.685 5	0.053 6		0.865 3	0.490 1	0.098 1	0.870 8	0.495 1	0.095 1	0.867 9	0.499 0	0.095 1
37	0.698 6	0.070 3		0.702 0	0.071 1		0.696 3	0.070 6		0.884 4	0.572 8	0.131 0	0.888 7	0.579 1	0.131 5	0.881 4	0.575 7	0.130 0
38	0.695 8	0.113 4		0.697 8	0.114 3		0.694 5	0.113 8		0.880 6	0.551 1	0.124 3	0.883 3	0.555 3	0.124 6	0.879 2	0.552 7	0.123 5
39	0.686 2	0.259 7		0.672 3	0.251 2		0.670 3	0.250 7		0.868 7	0.551 4	0.111 5	0.851 0	0.534 6	0.113 6	0.848 6	0.532 5	0.099 9

表 3-5(续)

城市土壤

栅格	排放情景 1 B1 2035/2010	B1 2065/2010	B1 2100/2010	A1B 2035/2010	A1B 2065/2010	A1B 2100/2010	A2 2035/2010	A2 2065/2010	A2 2100/2010	排放情景 2 B1 2035/2010	B1 2065/2010	B1 2100/2010	A1B 2035/2010	A1B 2065/2010	A1B 2100/2010	A2 2035/2010	A2 2065/2010	A2 2100/2010
1	0.970 3	0.808 7	0.778 2	0.967 1	0.803 9	0.773 4	0.967 4	0.803 8	0.773 7	0.336 1			0.335 0			0.335 1		
2	0.854 8	0.717 2	0.686 7	0.863 3	0.713 8	0.683 3	0.852 3	0.714 7	0.683 5	0.296 0			0.298 9			0.295 3		
3	0.853 8	0.713 2	0.702 2	0.851 9	0.710 2	0.685 2	0.851 8	0.710 9	0.698 6	0.293 3			0.292 6			0.292 6		
4	0.853 6	0.714 4	0.695 7	0.851 7	0.711 0	0.698 5	0.850 8	0.711 5	0.680 7	0.137 2			0.136 9			0.136 8		
5	0.853 8	0.715 9	0.687 5	0.851 6	0.712 1	0.690 8	0.850 8	0.712 6	0.682 3	0.295 2			0.294 5			0.294 2		
6	0.869 8	0.735 4	0.718 4	0.870 2	0.742 6	0.722 6	0.870 6	0.742 6	0.722 0	0.295 8			0.295 9			0.296 0		
7	1.034 8	0.976 4	0.946 4	1.032 1	0.976 7	0.927 9	1.033 1	0.976 6	0.944 1	0.355 6			0.354 8			0.355 1		
9	0.847 4	0.703 7	0.682 4	0.845 2	0.699 6	0.676 7	0.845 2	0.699 8	0.665 8	0.293 5			0.292 7			0.292 7		
10	0.851 5	0.710 0	0.689 0	0.849 0	0.708 3	0.682 9	0.849 6	0.707 6	0.685 3	0.294 2			0.293 4			0.293 5		
11	0.858 2	0.722 0	0.704 2	0.856 8	0.721 7	0.706 1	0.856 8	0.721 2	0.703 7	0.293 3			0.292 9			0.292 9		
12	1.069 8	1.039 3	1.020 1	1.074 7	1.060 1	1.029 9	1.074 8	1.057 9	1.033 2	0.323 4			0.324 5			0.324 5		
13	0.868 5	0.739 0	0.714 3	0.869 0	0.740 1	0.722 6	0.867 7	0.740 7	0.726 9	0.292 8			0.292 9			0.292 4		
14	0.870 4	0.740 9	0.725 2	0.872 5	0.745 2	0.732 0	0.871 2	0.745 2	0.727 8	0.292 7			0.293 4			0.293 0		
15	0.845 4	0.704 3	0.687 7	0.845 3	0.702 4	0.680 5	0.843 9	0.702 6	0.685 0	0.289 5			0.289 5			0.289 0		
17	0.860 4	0.727 6	0.701 4	0.859 6	0.725 6	0.703 7	0.859 3	0.726 3	0.708 9	0.297 4			0.297 1			0.297 0		
18	0.882 4	0.778 9	0.749 6	0.882 7	0.784 6	0.759 6	0.881 5	0.781 6	0.755 9	0.302 6			0.302 7			0.302 3		

表 3-5（续）

栅格	城市土壤																	
	排放情景 1									排放情景 2								
	B1			A1B			A2			B1			A1B			A2		
	2035/2010	2065/2010	2100/2010	2035/2010	2065/2010	2100/2010	2035/2010	2065/2010	2100/2010	2035/2010	2065/2010	2100/2010	2035/2010	2065/2010	2100/2010	2035/2010	2065/2010	2100/2010
19	1.099 3	1.136 0	1.115 0	1.116 4	1.155 0	1.121 9	1.102 5	1.140 6	1.127 6	0.370 0			0.375 3			0.370 9		
22	0.891 4	0.825 9	0.807 1	0.892 3	0.832 3	0.817 1	0.889 7	0.828 9	0.806 5	0.304 2			0.305 1			0.304 2		
25	0.603 4	0.508 0	0.501 0	0.602 3	0.505 1	0.502 9	0.602 3	0.504 3	0.500 4	0.209 0			0.208 6			0.208 6		
26	0.870 8	0.753 0	0.730 0	0.869 8	0.751 5	0.728 6	0.869 3	0.750 4	0.721 8	0.300 2			0.299 9			0.299 7		
27	0.876 9	0.757 6	0.724 0	0.876 5	0.758 7	0.732 7	0.875 6	0.759 5	0.735 8	0.302 6			0.302 4			0.302 1		
28	0.847 3	0.706 0	0.686 0	0.846 6	0.704 9	0.687 1	0.846 0	0.705 5	0.683 6	0.293 0			0.292 8			0.292 6		
30	0.864 8	0.753 7	0.739 5	0.864 3	0.753 0	0.732 1	0.862 7	0.752 0	0.726 5	0.298 2			0.298 0			0.297 4		
31	0.863 1	0.743 0	0.722 6	0.861 5	0.740 8	0.726 8	0.860 9	0.739 8	0.718 5	0.297 3			0.296 8			0.296 6		
32	0.844 9	0.704 0	0.681 0	0.843 4	0.703 2	0.681 9	0.843 8	0.702 8	0.686 6	0.292 1			0.291 6			0.291 7		
33	0.866 1	0.737 4	0.715 0	0.864 9	0.734 9	0.718 3	0.864 9	0.733 8	0.718 3	0.300 0			0.299 6			0.299 6		
34	0.864 3	0.734 1	0.713 7	0.863 6	0.733 6	0.715 4	0.862 9	0.732 2	0.718 6	0.299 0			0.298 8			0.298 5		
35	0.850 2	0.708 2	0.683 7	0.849 1	0.705 4	0.685 4	0.848 2	0.705 2	0.684 2	0.294 3			0.294 0			0.293 6		
36	0.841 6	0.694 8	0.680 0	0.840 3	0.694 6	0.673 0	0.839 5	0.690 5	0.670 9	0.291 5			0.291 1			0.290 8		
37	0.843 2	0.697 9	0.673 0	0.842 0	0.694 3	0.686 2	0.841 2	0.693 3	0.674 5	0.292 0			0.291 6			0.291 3		
38	0.920 1	0.883 5	0.879 2	0.921 9	0.890 6	0.874 3	0.918 5	0.886 7	0.860 0	0.313 4			0.314 0			0.312 9		
39	0.990 2	0.971 4	0.952 4	0.990 7	0.975 2	0.955 2	0.988 7	0.973 2	0.956 4	0.331 5			0.331 6			0.331 0		

表 3-5（续）

城市土壤

栅格	排放情景 1									排放情景 2								
	B1			A1B			A2			B1			A1B			A2		
	2035/2010	2065/2010	2100/2010	2035/2010	2065/2010	2100/2010	2035/2010	2065/2010	2100/2010	2035/2010	2065/2010	2100/2010	2035/2010	2065/2010	2100/2010	2035/2010	2065/2010	2100/2010
40	0.891 4	0.777 7	0.753 4	0.890 1	0.776 1	0.748 7	0.889 4	0.775 8	0.742 5	0.304 4			0.304 0			0.303 7		
41	0.844 7	0.698 1	0.685 1	0.843 1	0.696 4	0.676 4	0.843 4	0.696 1	0.678 0	0.292 6			0.292 3			0.292 2		
42	0.840 5	0.691 6	0.676 6	0.839 3	0.688 3	0.678 2	0.838 4	0.688 3	0.666 3	0.291 2			0.290 7			0.290 4		
43	0.839 3	0.689 6	0.675 3	0.838 1	0.686 1	0.677 5	0.837 3	0.686 3	0.666 3	0.290 7			0.290 3			0.290 1		
44	0.840 9	0.691 5	0.679 3	0.839 7	0.688 7	0.661 8	0.839 0	0.688 2	0.671 6	0.291 3			0.290 9			0.290 7		
45	0.840 5	0.691 4	0.679 2	0.838 6	0.688 6	0.661 8	0.838 6	0.688 0	0.671 4	0.291 2			0.290 5			0.290 5		
46	0.844 2	0.697 9	0.673 3	0.841 5	0.695 1	0.675 9	0.842 2	0.694 6	0.674 8	0.292 3			0.291 4			0.291 7		
47	0.862 6	0.726 5	0.701 3	0.861 0	0.725 2	0.710 0	0.864 3	0.724 3	0.704 3	0.297 2			0.296 6			0.297 9		
48	0.856 6	0.716 6	0.703 6	0.855 5	0.715 1	0.703 3	0.858 3	0.715 2	0.698 8	0.296 2			0.295 7			0.296 7		
49	0.838 6	0.687 2	0.658 6	0.837 9	0.685 1	0.660 1	0.839 3	0.685 3	0.654 6	0.290 5			0.290 3			0.290 8		
50	0.817 2	0.685 9	0.657 3	0.816 3	0.667 3	0.659 1	0.815 8	0.667 1	0.641 9	0.283 1			0.282 8			0.282 6		
51	0.838 6	0.687 6	0.665 7	0.837 7	0.685 7	0.667 9	0.837 1	0.685 1	0.669 5	0.290 5			0.290 2			0.290 5		
52	0.841 0	0.690 0	0.677 7	0.840 5	0.687 5	0.670 1	0.839 4	0.687 4	0.671 1	0.291 4			0.291 0			0.290 8		
53	0.841 1	0.690 3	0.677 9	0.839 5	0.687 7	0.670 7	0.839 5	0.687 5	0.671 9	0.291 4			0.290 8			0.290 8		
54	0.841 6	0.691 3	0.678 7	0.839 4	0.688 9	0.671 8	0.839 4	0.688 5	0.673 2	0.291 5			0.290 8			0.290 8		
55	0.841 5	0.691 3	0.678 8	0.839 3	0.688 3	0.671 5	0.839 2	0.688 5	0.672 5	0.291 5			0.290 7			0.290 7		
56	0.841 1	0.692 4	0.681 0	0.839 0	0.690 0	0.683 2	0.839 2	0.689 0	0.674 5	0.291 4			0.290 6			0.290 6		

表 3-5（续）

栅格	排放情景 3									城市土壤 排放情景 4								
	B1			A1B			A2			B1			A1B			A2		
	2035/2010	2065/2010	2100/2010	2035/2010	2065/2010	2100/2010	2035/2010	2065/2010	2100/2010	2035/2010	2065/2010	2100/2010	2035/2010	2065/2010	2100/2010	2035/2010	2065/2010	2100/2010
1	0.670 6	0.019 0		0.668 4	0.018 9		0.668 6	0.018 9		0.848 9	0.418 8	0.090 1	0.846 1	0.416 3	0.090 7	0.846 4	0.416 2	0.089 3
2	0.590 6	0.017 3		0.596 5	0.017 2		0.589 1	0.017 2		0.747 7	0.371 3	0.080 0	0.755 2	0.369 5	0.080 4	0.745 8	0.369 7	0.079 5
3	0.586 2	0.022 2		0.584 8	0.022 3		0.584 7	0.022 5		0.742 0	0.366 6	0.078 9	0.740 3	0.364 9	0.079 2	0.740 2	0.365 3	0.078 4
4	0.274 4	0.011 9		0.273 9	0.012 0		0.273 6	0.012 2		0.347 4	0.172 3	0.037 2	0.346 7	0.171 6	0.037 3	0.346 4	0.171 7	0.036 9
5	0.589 3	0.018 3		0.587 8	0.018 3		0.587 2	0.018 3		0.746 0	0.370 1	0.079 9	0.744 1	0.368 3	0.080 3	0.743 3	0.368 4	0.079 3
6	0.596 9	0.057 9		0.597 2	0.060 7		0.597 4	0.060 6		0.755 6	0.377 9	0.081 7	0.756 6	0.381 3	0.081 1	0.756 2	0.381 1	0.082 1
7	0.713 7	0.050 6		0.712 1	0.052 1		0.712 8	0.051 9		0.903 6	0.504 5	0.106 8	0.901 5	0.504 8	0.107 0	0.902 4	0.504 9	0.106 6
9	0.585 7	0.017 0		0.584 6	0.016 9		0.584 1	0.016 9		0.741 5	0.364 4	0.078 3	0.739 6	0.362 6	0.078 8	0.739 5	0.362 3	0.077 6
10	0.588 3	0.024 8		0.586 6	0.025 1		0.587 0	0.025 2		0.744 8	0.367 5	0.079 1	0.742 6	0.366 6	0.079 5	0.743 1	0.366 2	0.078 6
11	0.591 6	0.059 8		0.590 6	0.061 4		0.590 6	0.061 6		0.748 9	0.372 8	0.080 6	0.747 7	0.372 6	0.080 8	0.747 7	0.372 3	0.080 5
12	0.688 5	0.323 4		0.691 3	0.336 2		0.691 2	0.337 1		0.871 6	0.498 5	0.109 9	0.875 0	0.507 3	0.108 0	0.875 0	0.506 4	0.113 0
13	0.594 0	0.081 0		0.594 3	0.083 3		0.593 3	0.083 8		0.752 0	0.378 1	0.082 0	0.752 0	0.378 4	0.081 8	0.751 1	0.378 6	0.082 2
14	0.595 2	0.091 1		0.596 8	0.094 9		0.595 9	0.094 7		0.753 5	0.379 0	0.082 1	0.755 5	0.381 3	0.081 8	0.754 4	0.380 9	0.082 3
15	0.580 2	0.032 2		0.580 1	0.033 1		0.579 1	0.033 0		0.734 5	0.361 8	0.078 2	0.734 4	0.360 8	0.078 5	0.733 1	0.360 9	0.077 9
17	0.594 4	0.024 1		0.593 8	0.024 3		0.593 7	0.024 4		0.752 5	0.376 6	0.081 5	0.751 8	0.375 5	0.081 8	0.751 6	0.375 7	0.081 3
18	0.608 6	0.051 9		0.608 8	0.053 8		0.608 4	0.053 4		0.770 4	0.402 3	0.089 0	0.770 7	0.405 2	0.089 1	0.769 7	0.403 7	0.089 7

表 3-5（续）

城市土壤

栅格	排放情景 3									排放情景 4								
	B1			A1B			A2			B1			A1B			A2		
	2035/2010	2065/2010	2100/2010	2035/2010	2065/2010	2100/2010	2035/2010	2065/2010	2100/2010	2035/2010	2065/2010	2100/2010	2035/2010	2065/2010	2100/2010	2035/2010	2065/2010	2100/2010
19	0.756 3	0.165 2		0.767 9	0.171 8		0.758 4	0.168 2		0.957 5	0.585 3	0.127 8	0.972 1	0.595 1	0.126 3	0.960 1	0.587 6	0.130 2
22	0.615 0	0.059 8		0.615 6	0.061 3		0.613 8	0.060 8		0.778 6	0.426 9	0.095 6	0.779 4	0.430 1	0.095 6	0.777 1	0.428 3	0.095 5
25	0.417 0	0.012 2		0.416 3	0.012 2		0.416 2	0.012 1		0.527 9	0.263 0	0.056 7	0.527 1	0.261 5	0.056 9	0.526 9	0.261 2	0.056 2
26	0.599 9	0.023 0		0.599 2	0.023 1		0.598 9	0.023 2		0.759 5	0.388 6	0.084 8	0.758 6	0.387 2	0.085 0	0.758 2	0.387 2	0.084 9
27	0.605 2	0.025 3		0.604 9	0.025 7		0.604 3	0.026 0		0.766 1	0.391 6	0.085 1	0.765 7	0.392 7	0.085 1	0.765 5	0.392 3	0.085 3
28	0.585 3	0.019 9		0.584 8	0.020 0		0.584 4	0.020 2		0.740 9	0.365 4	0.078 7	0.740 3	0.364 8	0.078 8	0.739 8	0.365 1	0.078 4
30	0.597 2	0.031 4		0.596 8	0.031 7		0.595 8	0.031 5		0.756 6	0.389 9	0.085 8	0.755 6	0.389 1	0.086 1	0.754 2	0.389 2	0.085 5
31	0.596 1	0.035 2		0.595 1	0.035 3		0.594 6	0.035 2		0.754 7	0.384 7	0.082 8	0.753 8	0.383 2	0.082 8	0.752 8	0.382 8	0.082 3
32	0.583 9	0.022 3		0.582 9	0.022 5		0.583 2	0.022 5		0.739 2	0.364 2	0.078 2	0.737 9	0.364 1	0.078 2	0.738 2	0.364 2	0.077 6
33	0.598 6	0.017 7		0.597 7	0.017 6		0.597 7	0.017 6		0.757 8	0.381 6	0.082 0	0.756 7	0.380 2	0.082 4	0.756 7	0.380 2	0.081 2
34	0.597 0	0.019 6		0.596 5	0.019 7		0.596 0	0.019 7		0.755 6	0.379 2	0.081 8	0.755 1	0.379 1	0.082 0	0.754 6	0.379 1	0.081 2
35	0.587 5	0.017 9		0.586 7	0.017 9		0.586 1	0.017 9		0.743 7	0.366 7	0.078 4	0.742 0	0.365 2	0.078 6	0.742 0	0.365 0	0.077 4
36	0.581 7	0.016 7		0.580 8	0.016 6		0.580 8	0.016 6		0.736 4	0.359 6	0.076 9	0.735 2	0.357 9	0.077 2	0.734 5	0.357 5	0.075 9
37	0.582 8	0.017 1		0.582 0	0.017 1		0.581 4	0.017 0		0.737 8	0.361 4	0.077 3	0.736 7	0.359 5	0.077 6	0.736 0	0.359 3	0.076 3
38	0.635 3	0.080 7		0.636 5	0.081 6		0.634 2	0.081 2		0.804 3	0.457 2	0.101 6	0.805 6	0.460 7	0.102 2	0.802 9	0.458 7	0.100 5
39	0.684 3	0.173 2		0.684 6	0.174 0		0.683 2	0.173 7		0.866 3	0.502 9	0.108 8	0.866 7	0.505 0	0.108 8	0.865 0	0.503 9	0.108 1

表 3-5（续）

城市土壤

栅格	排放情景 3									排放情景 4								
	B1			A1B			A2			B1			A1B			A2		
	2035/2010	2065/2010	2100/2010	2035/2010	2065/2010	2100/2010	2035/2010	2065/2010	2100/2010	2035/2010	2065/2010	2100/2010	2035/2010	2065/2010	2100/2010	2035/2010	2065/2010	2100/2010
40	0.616 1	0.071 8		0.615 2	0.072 1		0.614 7	0.072 0		0.779 9	0.402 4	0.085 2	0.778 8	0.402 1	0.084 7	0.778 2	0.401 8	0.084 0
41	0.583 8	0.016 6		0.583 2	0.016 5		0.582 9	0.016 5		0.739 1	0.361 5	0.077 5	0.738 4	0.360 6	0.077 6	0.738 0	0.360 5	0.076 7
42	0.580 9	0.016 4		0.580 1	0.016 3		0.579 5	0.016 3		0.735 1	0.358 1	0.076 5	0.734 6	0.356 5	0.076 7	0.733 6	0.356 3	0.075 3
43	0.580 1	0.016 3		0.579 3	0.016 2		0.578 7	0.016 2		0.734 4	0.357 1	0.076 4	0.733 3	0.355 5	0.076 6	0.732 6	0.355 3	0.075 3
44	0.581 2	0.016 3		0.580 4	0.016 2		0.579 9	0.016 2		0.735 4	0.358 1	0.076 8	0.734 1	0.356 6	0.077 1	0.734 1	0.356 4	0.076 0
45	0.580 9	0.016 3		0.579 6	0.016 3		0.579 6	0.016 3		0.735 4	0.358 1	0.076 8	0.733 8	0.356 6	0.077 1	0.733 8	0.356 3	0.076 0
46	0.583 4	0.017 2		0.581 5	0.017 2		0.582 1	0.017 2		0.738 6	0.361 4	0.077 3	0.736 2	0.359 9	0.077 6	0.736 3	0.359 7	0.076 3
47	0.596 2	0.036 8		0.595 1	0.036 9		0.597 6	0.036 8		0.754 7	0.376 2	0.080 4	0.753 5	0.375 1	0.080 3	0.756 5	0.374 9	0.079 6
48	0.591 7	0.020 5		0.590 8	0.020 6		0.592 7	0.020 6		0.749 0	0.370 7	0.079 5	0.747 9	0.370 0	0.079 5	0.750 3	0.370 0	0.079 0
49	0.579 6	0.016 2		0.579 1	0.016 1		0.580 1	0.016 1		0.733 9	0.355 9	0.074 5	0.733 1	0.355 0	0.074 7	0.734 4	0.355 0	0.074 0
50	0.564 8	0.016 1		0.564 2	0.015 7		0.563 8	0.015 7		0.715 0	0.355 2	0.074 4	0.714 0	0.345 6	0.074 5	0.713 8	0.345 5	0.073 7
51	0.579 6	0.016 2		0.579 0	0.016 1		0.578 6	0.016 1		0.733 8	0.356 1	0.076 4	0.374 1	0.355 0	0.076 7	0.732 5	0.354 8	0.075 7
52	0.581 3	0.016 2		0.580 6	0.016 2		0.580 2	0.016 2		0.735 3	0.357 3	0.076 6	0.735 0	0.356 3	0.076 9	0.734 0	0.355 9	0.075 9
53	0.581 4	0.016 3		0.580 2	0.016 2		0.580 2	0.016 2		0.736 0	0.357 5	0.076 6	0.734 6	0.356 6	0.077 0	0.734 6	0.356 0	0.076 0
54	0.581 7	0.016 3		0.580 1	0.016 3		0.580 1	0.016 3		0.736 4	0.358 0	0.076 8	0.734 4	0.356 7	0.077 1	0.734 4	0.356 4	0.076 1
55	0.581 6	0.016 8		0.580 1	0.016 7		0.580 0	0.016 7		0.736 3	0.358 0	0.076 8	0.734 3	0.356 3	0.077 0	0.734 1	0.356 9	0.076 1
56	0.581 4	0.016 3		0.579 9	0.016 3		0.579 9	0.016 2		0.736 0	0.358 6	0.077 0	0.734 1	0.357 3	0.077 3	0.734 1	0.356 9	0.076 3

表 3-5（续）

栅格	排放情景 1 农村土壤									排放情景 2								
	B1			A1B			A2			B1			A1B			A2		
	2035/2010	2065/2010	2100/2010	2035/2010	2065/2010	2100/2010	2035/2010	2065/2010	2100/2010	2035/2010	2065/2010	2100/2010	2035/2010	2065/2010	2100/2010	2035/2010	2065/2010	2100/2010
1	1.105 4	1.169 1	1.182 2	1.104 6	1.173 6	1.188 6	1.105 9	1.173 6	1.185 0	0.383 0			0.382 7			0.383 1		
2	1.153 8	1.287 3	1.298 4	1.157 7	1.293 3	1.302 3	1.155 6	1.293 3	1.311 0	0.399 3			0.400 6			0.399 9		
3	1.112 1	1.173 0	1.180 0	1.113 3	1.181 1	1.199 1	1.116 1	1.181 2	1.199 6	0.375 3			0.375 5			0.376 4		
4	1.151 9	1.283 8	1.306 0	1.154 7	1.289 9	1.299 7	1.154 4	1.289 9	1.301 3	0.190 4			0.191 0			0.190 9		
5	1.180 6	1.369 7	1.390 5	1.182 1	1.373 7	1.397 8	1.182 0	1.373 0	1.380 4	0.406 8			0.407 3			0.407 2		
6	1.219 4	1.442 9	1.468 0	1.227 7	1.480 9	1.378 6	1.232 6	1.477 6	1.483 7	0.398 9			0.401 5			0.403 0		
7	1.075 9	1.292 9	1.378 7	1.075 9	1.291 8	1.377 5	1.077 1	1.292 4	1.357 1	0.369 9			0.369 9			0.370 3		
9	1.089 2	1.122 3	1.144 5	1.090 2	1.127 4	1.148 5	1.090 4	1.128 7	1.139 2	0.377 1			0.377 4			0.377 5		
10	1.096 8	1.136 2	1.148 8	1.097 4	1.145 4	1.158 7	1.099 4	1.145 5	1.155 0	0.376 4			0.376 5			0.377 2		
11	1.170 2	1.326 8	1.376 7	1.172 4	1.345 9	1.366 2	1.172 2	1.341 8	1.429 1	0.375 9			0.376 5			0.376 5		
12	1.151 6	1.855 7	2.273 3	1.150 1	1.914 4	2.289 1	1.145 4	1.881 4	2.442 5	0.300 7			0.300 3			0.299 2		
13	1.128 0	1.229 5	1.309 8	1.138 9	1.257 1	1.295 1	1.135 1	1.256 1	1.390 5	0.340 5			0.343 5			0.342 5		
14	1.145 2	1.306 3	1.443 6	1.159 9	1.348 6	1.435 0	1.155 0	1.338 9	1.547 2	0.333 7			0.338 1			0.336 6		
15	1.272 3	1.655 6	1.680 5	1.278 9	1.676 3	1.694 2	1.278 3	1.673 6	1.695 6	0.423 3			0.425 4			0.425 1		
17	1.117 7	1.187 4	1.201 2	1.121 9	1.199 6	1.219 2	1.120 8	1.201 8	1.225 8	0.384 6			0.386 0			0.385 6		
18	1.239 8	1.675 8	1.908 1	1.245 8	1.728 6	1.918 8	1.238 4	1.700 1	2.025 4	0.412 4			0.414 3			0.411 9		

表 3-5(续)

农村土壤

排格	排放情景 1									排放情景 2								
	B1			A1B			A2			B1			A1B			A2		
	2035/2010	2065/2010	2100/2010	2035/2010	2065/2010	2100/2010	2035/2010	2065/2010	2100/2010	2035/2010	2065/2010	2100/2010	2035/2010	2065/2010	2100/2010	2035/2010	2065/2010	2100/2010
19	1.041 7	1.568 5	1.975 9	1.050 8	1.581 4	1.978 0	1.042 5	1.567 9	1.977 3	0.352 4			0.355 3			0.352 6		
21	1.046 9	1.130 5	1.158 0	1.062 9	1.163 6	1.187 3	1.057 1	1.162 8	1.075 8	0.330 9			0.335 7			0.333 8		
22	1.373 9	2.315 0	2.380 3	1.378 7	2.337 2	2.372 2	1.374 7	2.329 4	2.366 2	0.468 5			0.470 1			0.468 7		
23	1.019 6	0.982 8	0.869 4	1.031 8	1.002 0	0.840 1	1.020 0	0.995 5	0.777 2	0.335 2			0.339 6			0.335 7		
25	1.227 8	1.503 1	1.510 6	1.228 0	1.505 1	1.519 1	1.227 9	1.505 4	1.520 2	0.425 2			0.425 3			0.425 2		
26	1.167 5	1.367 5	1.467 5	1.170 5	1.385 5	1.461 8	1.167 2	1.379 9	1.534 8	0.401 5			0.402 5			0.401 4		
27	1.227 9	1.520 3	1.560 5	1.231 2	1.540 2	1.551 7	1.232 5	1.545 4	1.600 5	0.420 8			0.421 9			0.422 2		
28	1.289 9	1.730 8	1.748 5	1.294 8	1.742 6	1.751 3	1.294 7	1.747 7	1.751 0	0.439 9			0.441 4			0.441 1		
30	1.171 1	1.546 0	1.811 8	1.171 1	1.558 1	1.841 6	1.162 9	1.543 3	1.877 9	0.395 0			0.395 0			0.392 2		
31	1.067 1	1.101 3	1.110 5	1.074 4	1.122 6	1.199 8	1.070 5	1.117 2	1.126 6	0.361 6			0.364 0			0.362 7		
32	1.121 0	1.168 4	1.123 4	1.131 1	1.193 0	1.092 0	1.128 1	1.190 4	1.103 5	0.381 7			0.385 1			0.384 3		
33	1.165 7	1.319 8	1.327 5	1.166 9	1.326 3	1.336 3	1.166 3	1.326 9	1.344 1	0.403 7			0.404 1			0.404 1		
34	1.083 0	1.096 8	1.108 7	1.087 4	1.113 0	1.099 9	1.086 0	1.115 0	1.137 1	0.373 6			0.375 1			0.374 8		
35	1.076 3	1.080 1	1.080 2	1.079 8	1.093 1	1.101 1	1.080 4	1.095 1	1.101 7	0.371 8			0.373 0			0.373 2		
36	1.059 8	1.052 7	1.062 6	1.062 1	1.061 0	1.077 5	1.063 1	1.062 0	1.069 0	0.366 4			0.367 2			0.367 5		
37	1.067 5	1.068 4	1.062 6	1.072 9	1.084 4	1.052 4	1.072 5	1.082 6	1.074 5	0.367 3			0.369 0			0.368 9		

表 3-5（续）

农村土壤

栅格	排放情景 1 B1 2035/2010	B1 2065/2010	B1 2100/2010	排放情景 1 A1B 2035/2010	A1B 2065/2010	A1B 2100/2010	排放情景 1 A2 2035/2010	A2 2065/2010	A2 2100/2010	排放情景 2 B1 2035/2010	排放情景 2 A1B 2035/2010	排放情景 2 A2 2035/2010
38	1.104 6	1.220 8	1.259 1	1.112 5	1.248 5	1.256 8	1.106 8	1.240 5	1.257 1	0.373 0	0.375 6	0.373 7
39	1.121 5	1.281 3	1.361 5	1.119 6	1.287 0	1.389 1	1.116 4	1.282 7	1.367 7	0.369 6	0.369 0	0.367 9
40	1.034 3	0.968 0	0.899 9	1.045 2	0.982 9	0.883 3	1.042 9	0.981 5	0.923 6	0.345 4	0.349 1	0.348 3
41	1.048 1	1.021 8	1.029 4	1.050 3	1.032 0	1.024 1	1.050 5	1.033 5	1.051 7	0.363 0	0.363 7	0.363 8
42	1.058 8	1.043 1	1.048 8	1.061 3	1.055 4	1.042 2	1.062 1	1.056 1	1.070 3	0.366 5	0.367 4	0.367 6
43	1.053 0	1.033 7	1.037 0	1.056 4	1.044 4	1.030 3	1.057 5	1.045 9	1.058 0	0.364 8	0.365 7	0.366 1
44	1.060 4	1.056 9	1.059 4	1.061 7	1.063 0	1.055 5	1.062 7	1.063 1	1.074 5	0.367 2	0.367 7	0.368 0
45	1.057 7	1.052 5	1.053 0	1.059 7	1.058 8	1.050 0	1.059	1.058 8	1.068 1	0.366 1	0.366 9	0.366 9
46	1.081 5	1.103 4	1.105 1	1.086 2	1.114 0	1.098 2	1.084 7	1.112 9	1.131 2	0.373 5	0.375 1	0.374 6
47	1.065 9	1.054 2	1.027 3	1.072 9	1.064 2	1.007 4	1.068 7	1.062 7	1.037 2	0.361 5	0.363 9	0.362 5
48	1.165 1	1.305 1	1.288 6	1.171 2	1.313 3	1.375 4	1.166 1	1.314 3	1.332 3	0.402 1	0.404 2	0.402 4
49	1.056 9	1.032 1	1.048 1	1.059 7	1.043 8	1.039 9	1.058 6	1.045 1	1.066 3	0.366 1	0.367 0	0.366 7
50	1.065 0	1.037 1	1.062 2	1.065 9	1.059 8	1.060 7	1.066 5	1.059 9	1.075 8	0.368 9	0.369 2	0.369 4
51	1.091 0	1.026 3	1.068 8	1.093 5	1.075 5	1.061 4	1.095 2	1.077 0	1.090 5	0.377 9	0.378 7	0.379 3
52	1.059 1	1.046 4	1.050 0	1.060 2	1.053 9	1.045 7	1.061 3	1.054 7	1.063 6	0.366 8	0.367 2	0.367 6
53	1.053 0	1.039 0	1.029 9	1.055 4	1.044 4	1.034 4	1.055 7	1.045 5	1.034 1	0.364 7	0.365 5	0.365 6

表 3-5（续）

农村土壤

栅格	排放情景 1									排放情景 2								
	B1			A1B			A2			B1			A1B			A2		
	2035/2010	2065/2010	2100/2010	2035/2010	2065/2010	2100/2010	2035/2010	2065/2010	2100/2010	2035/2010	2065/2010	2100/2010	2035/2010	2065/2010	2100/2010	2035/2010	2065/2010	2100/2010
54	1.056 9	1.050 4	1.041 2	1.059 9	1.055 5	1.046 6	1.059 7	1.055 5	1.053 3	0.366 0			0.367 0			0.367 0		
55	1.054 2	1.041 8	1.038 5	1.057 8	1.047 0	1.032 2	1.057 8	1.047 8	1.050 6	0.364 5			0.365 7			0.365 5		
56	1.075 0	1.095 2	1.097 0	1.077 2	1.078 9	1.095 7	1.077 1	1.099 7	1.109 7	0.372 4			0.373 1			0.373 1		

栅格	排放情景 3									排放情景 4								
	B1			A1B			A2			B1			A1B			A2		
	2035/2010	2065/2010	2100/2010	2035/2010	2065/2010	2100/2010	2035/2010	2065/2010	2100/2010	2035/2010	2065/2010	2100/2010	2035/2010	2065/2010	2100/2010	2035/2010	2065/2010	2100/2010
1	0.764 1	0.027 6		0.763 6	0.027 7		0.764 4	0.027 7		0.967 3	0.605 5	0.132 6	0.966 6	0.607 7	0.132 2	0.967 7	0.607 8	0.134 0
2	0.797 0	0.032 4		0.799 6	0.032 6		0.798 2	0.032 7		1.008 9	0.666 4	0.145 7	1.012 3	0.669 5	0.145 0	1.010 4	0.669 4	0.147 1
3	0.752 6	0.049 1		0.753 0	0.050 2		0.754 9	0.050 8		0.952 7	0.596 9	0.130 1	0.953 2	0.600 5	0.129 3	0.955 6	0.600 6	0.131 8
4	0.384 1	0.044 7		0.385 5	0.045 8		0.385 4	0.046 5		0.486 3	0.319 2	0.069 8	0.488 1	0.321 0	0.069 3	0.487 9	0.321 2	0.070 8
5	0.813 0	0.040 7		0.813 9	0.041 4		0.813 8	0.041 4		1.029 3	0.707 2	0.154 6	1.030 4	0.709 1	0.154 3	1.030 3	0.708 8	0.155 7
6	0.825 7	0.249 6		0.831 2	0.264 7		0.834 4	0.263 9		1.045 1	0.733 1	0.157 3	1.052 2	0.751 7	0.153 1	1.056 3	0.750 2	0.158 9
7	0.741 9	0.055 6		0.741 8	0.057 4		0.742 6	0.057 3		0.939 2	0.668 2	0.155 6	0.939 1	0.667 8	0.155 5	0.940 2	0.667 8	0.153 2
9	0.752 9	0.029 5		0.753 5	0.029 8		0.753 7	0.030 0		0.953 1	0.581 5	0.127 2	0.953 9	0.584 1	0.126 5	0.954 1	0.584 5	0.128 8
10	0.757 0	0.062 7		0.757 4	0.064 6		0.758 8	0.065 3		0.958 4	0.587 5	0.128 7	0.958 2	0.592 4	0.127 5	0.960 6	0.592 4	0.130 5

表 3-5（续）

农村土壤

栅格	排放情景 3									排放情景 4								
	B1			A1B			A2			B1			A1B			A2		
	2035/2010	2065/2010	2100/2010	2035/2010	2065/2010	2100/2010	2035/2010	2065/2010	2100/2010	2035/2010	2065/2010	2100/2010	2035/2010	2065/2010	2100/2010	2035/2010	2065/2010	2100/2010
11	0.800 6	0.422 2		0.801 9	0.438 3		0.801 8	0.433 1		1.013 5	0.680 7	0.154 3	1.015 1	0.690 2	0.153 2	1.015 0	0.688 6	0.160 1
12	0.719 7	1.356 1		0.718 5	1.399 0		0.715 7	1.375 3		0.911 1	0.867 5	0.231 6	0.909 6	0.894 0	0.233 3	0.906 1	0.879 0	0.248 7
13	0.742 4	0.499 5		0.749 2	0.514 8		0.746 9	0.515 5		0.939 9	0.605 1	0.140 2	0.948 4	0.618 7	0.138 7	0.945 6	0.617 6	0.148 6
14	0.749 9	0.684 3		0.759 5	0.705 7		0.756 5	0.701 3		0.949 3	0.638 6	0.153 4	0.961 5	0.659 0	0.152 4	0.957 6	0.654 6	0.164 0
15	0.870 6	0.252 2		0.875 0	0.262 5		0.874 5	0.260 9		1.102 1	0.849 1	0.184 6	1.107 7	0.859 4	0.182 9	1.107 1	0.857 7	0.185 0
17	0.771 9	0.056 9		0.774 8	0.058 6		0.774 0	0.059 0		0.977 1	0.614 5	0.135 7	0.980 8	0.620 7	0.134 4	0.979 9	0.621 7	0.138 5
18	0.852 5	0.295 0		0.856 6	0.310 2		0.851 5	0.301 6		1.079 3	0.863 2	0.214 5	1.084 4	0.890 4	0.215 7	1.078 7	0.875 6	0.227 7
19	0.716 4	0.156 2		0.722 6	0.161 6		0.716 9	0.158 8		0.907 0	0.808 5	0.222 4	0.914 5	0.814 6	0.222 6	0.907 6	0.808 0	0.222 5
21	0.704 2	0.307 4		0.714 7	0.316 0		0.710 7	0.319 1		0.891 5	0.570 8	0.122 2	0.904 8	0.587 0	0.120 1	0.899 8	0.586 1	0.118 6
22	0.947 5	0.157 9		0.950 7	0.162 5		0.948 5	0.161 5		1.199 4	1.196 6	0.268 7	1.203 6	1.208 2	0.267 8	1.200 1	1.203 2	0.267 1
23	0.698 6	0.189 4		0.706 9	0.192 3		0.699 5	0.191 3		0.884 3	0.504 1	0.097 3	0.895 0	0.514 0	0.094 0	0.884 9	0.510 6	0.086 8
25	0.848 6	0.037 0		0.848 7	0.037 2		0.848 7	0.037 2		1.074 3	0.778 4	0.170 8	1.074 5	0.779 7	0.170 7	1.074 4	0.779 5	0.171 9
26	0.805 8	0.057 4		0.807 9	0.058 8		0.805 6	0.058 6		1.020 2	0.707 5	0.165 6	1.022 6	0.716 0	0.165 0	1.019 9	0.713 3	0.173 1
27	0.845 9	0.073 8		0.848 2	0.075 5		0.848 8	0.077 8		1.070 9	0.785 4	0.175 9	1.073 8	0.795 8	0.173 8	1.074 6	0.797 8	0.180 4
28	0.887 0	0.108 4		0.890 2	0.111 0		0.889 8	0.113 6		1.122 9	0.892 5	0.194 7	1.127 0	0.898 2	0.192 8	1.126 4	0.900 8	0.194 9
30	0.808 3	0.172 7		0.808 2	0.174 4		0.802 6	0.172 5		1.023 2	0.799 5	0.204 6	1.023 7	0.806 0	0.208 0	1.016 0	0.798 2	0.212 1

表3-5（续）

农村土壤

| 栅格 | 排放情景3 | | | | | | | | | 排放情景4 | | | | | | | | |
| | B1 | | | A1B | | | A2 | | | B1 | | | A1B | | | A2 | | |
	2035/2010	2065/2010	2100/2010	2035/2010	2065/2010	2100/2010	2035/2010	2065/2010	2100/2010	2035/2010	2065/2010	2100/2010	2035/2010	2065/2010	2100/2010	2035/2010	2065/2010	2100/2010
31	0.737 1	0.115 1		0.742 2	0.117 8		0.739 5	0.117 2		0.933 2	0.570	0.125 5	0.939 6	0.581	0.124 3	0.936 1	0.578 3	0.127 4
32	0.774 1	0.096 6		0.781 1	0.100 3		0.779 3	0.099 9		0.979 2	0.604 5	0.126 9	0.988 8	0.617 4	0.123 4	0.986 6	0.615 9	0.124 7
33	0.805 6	0.032 0		0.806 4	0.032 3		0.806 4	0.032 3		1.019 9	0.683 4	0.150 1	1.020 0	0.687	0.150 0	1.020 9	0.687 1	0.152 0
34	0.747 2	0.034 1		0.750 2	0.035 1		0.749 7	0.035 3		0.945 9	0.566 9	0.125 1	0.949 7	0.575 7	0.124 2	0.949 1	0.576 3	0.128 3
35	0.743 1	0.031 1		0.745 5	0.031 8		0.745 9	0.032 1		0.940 8	0.558 7	0.122 1	0.943 8	0.565 5	0.121 1	0.944 3	0.566 5	0.124 5
36	0.732 1	0.029 3		0.733 6	0.029 9		0.734 2	0.030 1		0.926 7	0.544 8	0.119 0	0.928 7	0.549 1	0.118 4	0.929 5	0.549 6	0.120 8
37	0.737 2	0.047 4		0.740 8	0.049 0		0.740 6	0.048 9		0.933 3	0.552 9	0.120 1	0.937 9	0.561 5	0.119 0	0.937 6	0.560 2	0.121 4
38	0.767 9	0.136 4		0.768 1	0.139 8		0.764 6	0.138 8		0.965 5	0.631 5	0.142 3	0.972 4	0.645 8	0.142 0	0.967 4	0.641 7	0.142 0
39	0.723 4	0.298 1		0.773 8	0.298 8		0.771 6	0.298 1		0.981 2	0.663	0.154 0	0.979 6	0.666	0.157 1	0.976 8	0.664	0.154 7
40	0.714 8	0.167 6		0.722 4	0.170 4		0.720 8	0.170 2		0.904 9	0.501 2	0.103 7	0.914 5	0.508 9	0.099 9	0.912 5	0.508 2	0.104 5
41	0.724 3	0.024 7		0.725 8	0.025 0		0.726 0	0.025 0		0.916 9	0.529 1	0.116 4	0.918 8	0.534 1	0.115 8	0.919 1	0.535 1	0.118 9
42	0.731 6	0.026 1		0.733 3	0.026 5		0.733 8	0.026 6		0.926 1	0.540 0	0.118 6	0.928 1	0.546 0	0.117 8	0.929 0	0.546 9	0.121 0
43	0.728 2	0.025 5		0.729 9	0.025 8		0.730 7	0.025 9		0.921 9	0.535 2	0.117 3	0.924 1	0.540 7	0.116 5	0.925 1	0.541 4	0.119 6
44	0.732 8	0.025 4		0.733 7	0.025 6		0.734 4	0.025 7		0.927 7	0.547 3	0.119 8	0.928 9	0.550 4	0.119 4	0.929 7	0.550 6	0.121 5
45	0.731 0	0.026 7		0.732 4	0.027 0		0.732 5	0.027		0.925 4	0.545 0	0.119 2	0.927 3	0.548 2	0.118 8	0.927 3	0.548 3	0.120 8
46	0.747 5	0.037 2		0.750 7	0.038 1		0.749 7	0.038 0		0.946 3	0.571 4	0.125 0	0.950 4	0.576 4	0.124 2	0.949 1	0.576 3	0.126 8

表 3-5（续）

农村土壤

栅格	排放情景 3									排放情景 4								
	B1			A1B			A2			B1			A1B			A2		
	2035/2010	2065/2010	2100/2010	2035/2010	2065/2010	2100/2010	2035/2010	2065/2010	2100/2010	2035/2010	2065/2010	2100/2010	2035/2010	2065/2010	2100/2010	2035/2010	2065/2010	2100/2010
47	0.736 7	0.114 0		0.741 5	0.115 6		0.738 7	0.115 2		0.932 6	0.545 9	0.116 2	0.938 8	0.551 3	0.113 9	0.935 1	0.550 3	0.117 3
48	0.806 5	0.054 9		0.810 7	0.055 7		0.807 1	0.055 8		1.021 0	0.676 9	0.146 0	1.026 3	0.681 1	0.144 5	1.021 8	0.681 6	0.147 5
49	0.730 4	0.024 8		0.732 4	0.025 1		0.731 6	0.025 1		0.924 7	0.534 8	0.118 6	0.927 1	0.540 5	0.117 6	0.926 2	0.541 4	0.120 6
50	0.736 1	0.024 6		0.736 7	0.025 1		0.737 1	0.025 2		0.931 8	0.537 1	0.120 2	0.932 6	0.548 8	0.120 0	0.933 2	0.548 8	0.121 7
51	0.754 1	0.024 6		0.755 7	0.025 8		0.756 9	0.025 9		0.954 6	0.531 5	0.120 9	0.956 7	0.556 9	0.120 1	0.958 2	0.557 7	0.123 3
52	0.732 0	0.025 1		0.732 8	0.025 3		0.733 6	0.025 3		0.926 7	0.541 9	0.118 8	0.927 7	0.545 8	0.118 3	0.928 7	0.546 1	0.120 3
53	0.727 8	0.025 3		0.729 5	0.025 4		0.729 6	0.025 4		0.921 4	0.538 1	0.117 6	0.923 5	0.540 9	0.117 0	0.923 7	0.541 2	0.119 2
54	0.730 5	0.026 1		0.732 6	0.026 3		0.732 5	0.026 3		0.924 8	0.544 8	0.118 9	0.927 5	0.546 5	0.118 4	0.927 3	0.546 7	0.120 3
55	0.728 6	0.031 9		0.731 2	0.032 2		0.730 7	0.032 3		0.922 4	0.539 4	0.117 4	0.925 6	0.542 7	0.116 7	0.925 1	0.542 6	0.118 8
56	0.743 0	0.026 0		0.744 5	0.026 1		0.744 5	0.026 1		0.940 7	0.567 2	0.124 1	0.942 5	0.569 1	0.123 9	0.942 5	0.569 5	0.125 5

注：表中空白表示数据缺失。

与淡水和城市土壤相反,农村土壤和海水中 PFOS 浓度则呈现出上升趋势。以栅格 26 为例,在气候变化情景模式 A1B 下,21 世纪早期、中期、后期农村土壤中 PFOS 的浓度变化比分别为 1.170 5、1.385 5、1.461 8;而在气候变化情景模式 A2 下,未来 3 个时期海水中 PFOS 的浓度变化比分别为 1.002 9、1.018 8、1.035 9;其他栅格各介质中 PFOS 浓度在各气候变化情景模式下的浓度比见表 3-5。究其原因,我们发现,在"最坏情况"情景下,城市化过程导致农村人口减少和农村用地减少,从而使得 PFOS 在农村土壤中的平均浓度升高。而海水里,降水增加导致的淡水入海量大大增加,从而增加 PFOS 在海水中的积累,故海水中浓度呈现出升高趋势。

二、减排情景下 PFOS 浓度变化的空间分布特征

表 3-5 同时也呈现了排放情景 2、3、4 和气候变化对淡水、农村土壤、城市土壤和海水中 PFOS 浓度的共同影响。在排放情景 2 下,未来 PFOS 在淡水中的浓度大幅下降,至 21 世纪早期,整个研究区 PFOS 在淡水中的浓度约降低 60%;在城市土壤、农村土壤和海水中,PFOS 浓度也有不同程度的下降(见表 3-5)。

在排放情景 3 和排放情景 4 下,在减排政策和气候变化的共同影响下,除少数栅格外,淡水、城市土壤、农村土壤和海水中 PFOS 的浓度均大幅下降。尤其是在排放情景 4 下,假设至 21 世纪末 PFOS 的生产和使用被彻底淘汰,模拟结果说明 PFOS 的浓度也会降低 90% 左右。而且,在减排政策和气候变化的共同影响下,PFOS 介质间的传输通量也显著降低。以栅格 26 为例,在排放情景 2 和气候变化情景 B1 下,至 21 世纪早期,介质间的迁移通量约降低 54%~70%,且主要受排放强度的影响。

简而言之,在常量排放情景下,气候变化会通过改变淡水的平流作用、介质间迁移通量等影响 PFOS 的介质分布和归趋行为;而随着 PFOS 排放强度的降低,PFOS 介质间的传输通量也相继降低,从而 PFOS 在各介质中的浓度也大大降低。

第六节　气候变化对 PFOS 入海通量的影响

为了探讨气候变化对 PFOS 进入渤海通量的影响,我们分析了常量排放情景下气候变化情景模式 A1B(一个中度的气候变化情景模式)对 PFOS 入海通量的变化结果。首先分析了基准年 2010 年 PFOS 进入和流出渤海的通量,随后分别用 2035 年、2065 年和 2100 年的流入和流出通量与 2010 年的流入和流出通量比来表示未来气候变化下 PFOS 流入和流出通量的变化,具体结果见图 3-1。

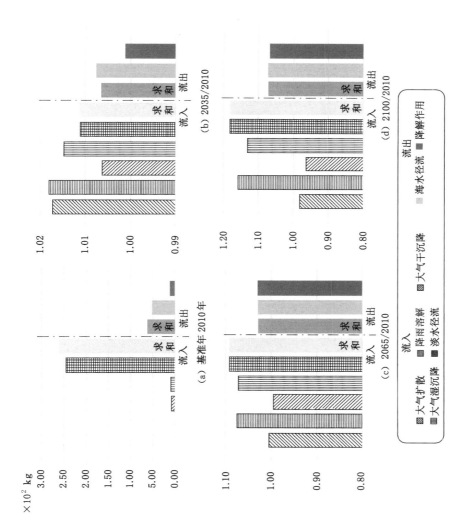

图 3-1 气候变化情景 A1B 下未来 3 个时期 PFOS 流入、流出渤海的通量与基准年的比值

从图 3-1 可以看出,与基准年 2010 年相比,未来 3 个时期流入渤海的通量如降雨溶解、大气湿沉降和淡水径流均有不同程度的增加,尤其是 21 世纪后期。具体来说,21 世纪早期、中期、后期降雨溶解的通量分别增加 1.90%、7.55%、15.70%;大气湿沉降通量分别增加 1.45%、7.40%、13.03%;而淡水径流分别增加 1.11%、9.11%、18.31%,这些变化主要是由气候变化情景预测的未来降水增长导致的。然而,大气扩散和大气干沉降通量有所不同,它们在 21 世纪早期略有增加,但至 21 世纪中期和后期则呈下降趋势。对 PFOS 流出渤海的传输过程而言,与 2010 年相比,未来 3 个时期海水径流和降解的通量也都有所增长。总体上,未来 3 个时期,PFOS 流入渤海的通量分别增长 1.12%、9.11%、18.31%;流出渤海的通量分别增加 0.66%、2.77%、7.14%;但是,流入渤海的总通量(图 3-1 虚线左侧)总是远远大于流出渤海的总通量(图 3-1 中虚线右侧),而且它们两者之间的差距越来越大。从这一点也可以解释为什么未来 PFOS 在海水中浓度呈现增加趋势。本书中气候变化对 PFOS 入海通量的模拟结果与 γ-HCH 和 PCB 153 流入欧洲北海的研究结果一致[158]。总体来说,未来气候变化对 PFOS 进入渤海的通量有很大影响。

第七节　气候变化对 PFOS 迁移行为的影响:以天津为例

本节以栅格 26(包括天津的绝大部分)为例,详细分析气候变化(以取气候变化情景模式 A1B 为例)对 PFOS 传输过程的影响,包括栅格间的平流过程(大气、淡水的流入和流出)、降解过程和介质间迁移过程,具体结果见图 3-2。在常量排放强度下,由于未来平均风速的增加,流入和流出该栅格的 PFOS 通量都有所增加,尤其是 21 世纪中期和后期,流入该栅格的通量分别增加 5.91% 和 8.21%,而流出该栅格的通量分别增加 3.87% 和 5.38%。在 BETR-Urban-Rural 模型中,PFOS 的降解速率与温度无关,而是一个与环境介质的体积、PFOS 在环境介质中的浓度和一级降解反应速率常数有关的更加复杂的参数。BETR-Urban-Rural 模型模拟结果表明,在气候变化的影响下,PFOS 的降解速率略有降低。图 3-2(b)~(e)中关于降解速率的值表示所有环境介质中 PFOS 降解速率的总和,因此,降解速率的降低和 PFOS 在淡水、淡水沉积物、城市土壤、农村土壤和农村大气的浓度的下降紧密相关。

由图 3-2 可看出,从淡水到海水、淡水到沉积物和沉积物到淡水的迁移是该栅格最主要的 3 个迁移过程。其中,从淡水到海水的迁移通量随着时间的

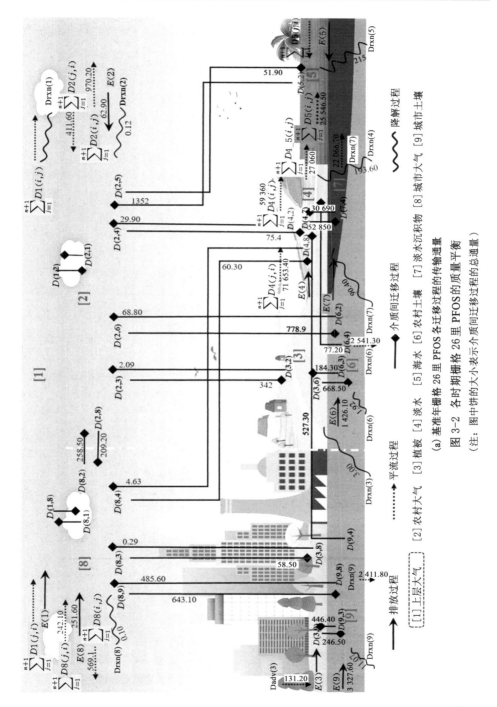

图 3-2　各时期栅格 26 里 PFOS 的质量平衡

（a）基准年栅格 26 里 PFOS 各迁移过程的传输通量

[1] 上层大气　[2] 农村大气　[3] 植被　[4] 淡水　[5] 海水　[6] 农村土壤　[7] 淡水沉积物　[8] 城市大气　[9] 城市土壤

（注：图中饼的大小表示介质间迁移过程的总通量）

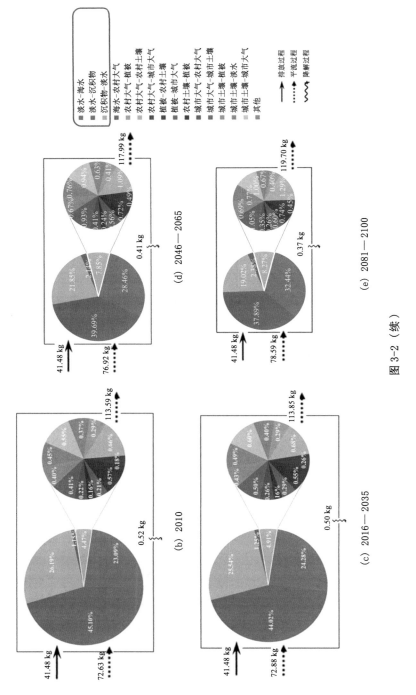

图 3-2（续）

推移而迅猛增加,从总迁移通量的 1/4(2010 年)增加到总迁移通量的 1/3(21世纪末),这是由 21 世纪中期和后期淡水到海水的径流量大幅增加导致的。而其他两个迁移过程的迁移通量将随着时间而减少,尤其是 21 世纪中后期[见图 3-2(b)～(e)]。由于 PFOS 在淡水及其沉积物之间的互相迁移过程,随着淡水中 PFOS 浓度的降低,淡水沉积物中 PFOS 的浓度也随之降低,且淡水和淡水沉积物之间的迁移通量也相继降低。

第四章　环渤海地区 PFOS 多介质
归趋行为的动态模拟

　　由于 PFOS 及其相关物质的持久性、潜在毒性、生物富集性和远距离迁移性,美国明尼苏达矿务及制造业公司(3M 公司)在 2002 年宣布停止生产 PFOS 及其相关物质,然而在亚洲和欧洲仍然有一些较小的生产厂商。我国由于缺乏高效的 PFOS 替代品,仍在继续大量生产和使用 PFOS 及其相关物质,而且在 PFOS 列入《斯德哥尔摩公约》之前其产量持续上涨。从 2001 年至 2011 年,我国 PFOS 及其相关物质的累计产量达 1 800 t。近年来我国科研工作者已经在多个介质如土壤、淡水、淡水沉积物、灰尘以及鸡蛋、玉米等检测到 PFOS 及其相关物质。但是,PFOS 在环境中的历史及未来的水平并不清楚,且相关研究表明 PFOS 的历史排放量对其当下污染水平有着重要影响。因此,理解 PFOS 及其相关物质的排放量的动态趋势,以及 PFOS 归趋传输行为的动态格局,对环境管理来说是非常必要的。故本章首先估计了环渤海地区 1981 年至 2050 年间 PFOS 排放量的动态格局,之后在 BETR-Urban-Rural 模型的动态模式下模拟 PFOS 在环境中的浓度和传输行为。

第一节　PFOS 排放的时空分布

　　根据孟晶建立的 PFOS 排放量的估算方法和清单[159],分别估算了 2010 年环渤海地区 PFOS 到淡水、农村土壤和城市土壤的排放量。

　　通常用一个连续的数学函数来描述污染物的排放趋势,常用的有线性函数、指数函数、逻辑斯谛函数、非对称逻辑斯谛函数和线性指数函数。鉴于污染物的实际排放量并不能严格遵守某一个数学函数的分布曲线,通常会选取一个近似的函数来估算污染物的排放趋势并作为模型的输入。目前我国还没有学者估算 PFOS 及其相关物质的历史排放,故基于我国从 2001 到 2011 年的历史生产量和 PFOS 全球的历史排放量寻找一个最佳函数来估算我国 PFOS 的排放曲线。最后,选取了一个非对称的逻辑斯谛函数来代表 PFOS 历史及未来的排放量(E_t),这个排放量和 PFOS 的全球排放曲线类似[139]。

如果 $t < t_{max}$，

$$E_t = 4 \times E_{max} \times \exp\{[-(t - t_{max})/a]/\{1 + \exp[-(t - t_{max})/a]\}^2\}$$

$$(4\text{-}1)$$

如果 $t >= t_{max}$，

$$E_t = 4 \times E_{max} \times \exp\{[-(t - t_{max})/b]/\{1 + \exp[-(t - t_{max})/b]\}^2\}$$

$$(4\text{-}2)$$

公式(4-1)和(4-2)中，t 表示年份；E_{max} 表示 PFOS 的最大排放量或排放曲线的峰值，kg/a；t_{max} 表示 PFOS 排放峰值对应的年份；a 和 b 分别表示峰值年份前后 PFOS 排放的增加和降低系数。根据我国 2001 年至 2011 年 PFOS 及其相关物质的历史生产量，以及自从 PFOS 被列入《斯德哥尔摩公约》以后我国采取的一系列的控制措施，PFOS 的排放量在 2008 年达到峰值，即根据模拟的基准年 1981 年，t_{max} 被设置为 28。E_{max} 根据孟晶[159]建立的排放方法估算得到，且随着栅格和环境介质的变化而变化。研究区各个介质中总的 E_{max} 见表 4-1。a 和 b 的值也随着环境介质的变化而变化，低层农村大气、淡水、农村土壤、低层城市大气和城市土壤中的 a 和 b 值也见表 4-1。另外，我们假设 1981 年前 PFOS 在所有环境介质中的背景浓度为 0。

表 4-1　BETR-Urban-Rural 模型中动态排放曲线的参数值

参数	E_{max}/kg	t_{max}	a	b
低层农村大气	0.744	28	2.5	2.9
低层城市大气	0.500	28	2.2	3.0
淡水	424.980	28	1.5	3
农村土壤	195.440	28	1.8	3.3
城市土壤	126.960	28	1.9	3.1

第二节　环境参数的时间分布特征

敏感性分析的研究结果表明，POPs 的传输和归趋行为对模型中的环境参数如温度、降水等非常敏感。从长远看，气候变化对环境（如温度上升、降水格局等）甚至 POPs 的归趋过程也有直接或者间接影响[55]。另外，快速城市化是研究区发展的一个显著特点，造成了土地利用的强烈变化尤其是海岸带地区[160]。鉴于我国近 100 年来的降水格局并没有表现出单一的变化规律，而是呈波动变化，且震荡周期不单一，约为 3 a、10 a 和 30 a[161-163]。故在本节将温度、海平面上升及土地利用变化等参数的时间变化格局对 PFOS 迁移过程的影响纳入模型；而且，城市地区和农村地区的升温速率也有显著差异[164]。根据发表的文献、报告的结果，上述参数的时间变化格局如下：

农村地区冬季温度，

$$T(1) = c_1 \times t + d_1 \tag{4-3}$$

农村地区夏季温度：

$$T(2) = c_2 \times t + d_2 \tag{4-4}$$

城市地区冬季温度：

$$T(3) = c_3 \times t + d_3 \tag{4-5}$$

城市地区夏季温度：

$$T(4) = c_4 \times t + d_4 \tag{4-6}$$

海水深度：

$$CWD = e \times t + f \tag{4-7}$$

城市用的比例：

$$UP = s \times (1+r)^t \tag{4-8}$$

式中，t 表示年份；$d_i(i=1,2,3,4)$，f，s 表示环境参数在基准年 1981 年的值，它们随栅格变化而变化，可根据 2010 年的值由式(4-3)～式(4-8)计算得到。模型中环境参数在 2010 年的值从国家基础地理信息中心、英国自然环境研究理事会(NERC)地球观测数据中心(NEODC)、美国航空航天局(NASA)、国家海洋信息中心的网站中收集得到。$c_i(i=1,2,3,4)$，e，r 表示这些参数的变化速率，详细值见表 4-2[144,164]。

表 4-2　环境参数的变化速率

参数	变化速率
农村地区冬季温度	0.008
农村地区夏季温度	0.008
城市地区冬季温度	0.014
城市地区夏季温度	0.014
海水深度	0.002 5
城市用地的比例	0.14

第三节　PFOS 浓度的动态格局

一、模型验证:以淡水中 PFOS 浓度为例

相比稳态模式下模型的运行时间(约几分钟),本节 BETR-Urban-Rural 模型需要运行 4～5 d 得到 PFOS 的动态模拟结果。首先验证模型的模拟值和 PFOS 的实测值是否吻合,虽然稳态下模型的精度在上一章已经得到验证。各环境介质中 PFOS 的模拟值和实测值的对比见表 4-3。在大多数情况下,PFOS 模拟浓度的平均值在实测浓度的范围内,且实测浓度的平均值与模拟浓度的平均值之比在 1/4 到 4 之间。

由于缺少 PFOS 实测浓度的时间序列数据,以栅格 46 的淡水为例来验证 PFOS 实测浓度和模拟浓度在时间序列上的一致性。我们收集了栅格 46 淡水里 PFOS 2011—2014 年的实测浓度。通过比较发现,除 2012 年采样在秋季外,相应栅格里 PFOS 模拟值和实测值之比在 1/5 到 5 之间(比值分别为 1.18、4.51、0.79、1.18)(图 4-1)。这是因为,一般情况下,PFOS 的模拟值代表一个栅格的平均值,而其实测值随着采样时间、地点的变化而变化。例如,2013 年栅格 54 里 PFOS 在细河的浓度在 4 个季节有显著差异,春冬季最高,夏秋季最低,浓度分别为 88.9、25.7、1.44、0.21 ng/L[165]。实际上,市场对 PFOS 及其相关物质的波动性需求、降水的季节性变化及其导致的河流稀释性效应、不确定的污水排放量等都对 PFOS 的浓度分布和归趋过程产生重要的影响[165]。

二、淡水和城市土壤中 PFOS 浓度的动态趋势

本节我们分析了 PFOS 的两个最主要的汇——淡水和城市土壤里浓度的时间变化趋势,同样以栅格 46 大凌河流域为例,其时间变化趋势如图 4-1 所示。由图 4-1 和排放量的函数可看出,这两个介质中 PFOS 的浓度变化趋势和其排放量的曲线非常吻合。在 2000 年前,淡水和城市土壤中 PFOS 的浓度非常低,几乎接近 0;而在 2000 年后,这两个介质中 PFOS 的浓度随着排放量呈现出先增加后降低的趋势。然而,城市土壤中 PFOS 的最高浓度的出现时间比淡水中的晚得多,这极可能是由城市土壤中 PFOS 的半衰期远远长于淡水而引起的。

BETR-Urban-Rural 模型的模拟结果表明尽管淡水和城市土壤中 PFOS 的排放量的峰值都出现在 2008 年,但淡水中 PFOS 的浓度的最高点出现在 2009 年,为 5.33 ng/L(平均值为 0.78 ng/L,中值为 0.07 ng/L);城市土壤中浓度的最

表 4-3 环渤海地区淡水、淡水沉积物、城市土壤和农村土壤中 PFOS 动态模式下的模拟浓度和实测浓度的对比

淡水/(ng·L⁻¹)

位置	采样时间	样点数	相应栅格	实测浓度的范围	实测浓度的均值	模拟浓度的均值	参考文献
辽河	2009 年	20	39,46~48,55	n.d.~6.6	0.33	1.55	[150]
海河	2010 年	16	26	2.02~7.62	3.70	10.49	[151]
大沽排水河	2010 年	8	18	1.19~72.5	22.00	19.86	[151]
环渤海南部河流	2011 年	35	3,4,10~13,18,19	0.40~12.78	3.09	6.59	[152]
大凌河	2011 年	26	38,45,46,54	n.d.~12.58	2.97	3.28	[153]
小清河	2013 年	30	1~4,10~12	0.68~39.2	9.67	4.31	[165]
大辽河	2014 年	16	38,46,54~56	n.d.~13.0	1.83	1.83	[166]

淡水沉积物/(ng·g⁻¹)

位置	采样时间	样点数	相应栅格	实测浓度的范围	实测浓度的均值	模拟浓度的均值	参考文献
莱州湾附近河流	2009 年	24	4,11~13	0.02~1.6	0.21	0.11	[154]
辽河	2009 年	14	39,46~48,55	0.04~0.48	0.15	0.09	[150]
海河	2010 年	16	26	1.76~7.32	5.20	1.24	[151]
大沽排水河	2010 年	8	18	0.09~2.25	0.67	0.21	[151]
海河	2010 年	12	18,26	0.29~7.39	1.70	0.73	[155]
环渤海南部河流	2011 年	35	3,4,10~13,18,19	0.027~0.435	0.16	0.16	[156]
大凌河	2011 年	26	38,45,46,54	0.35~9.85	2.22	0.22	[153]

表 4-3（续）

淡水沉积物（ng·g⁻¹）

位置	采样时间	样点数	相应栅格	实测浓度的范围	实测浓度的均值	模拟浓度的均值	参考文献
小清河	2013 年	25	1～4,10～12	0.11～10.6	1.44	0.44	[165]
大辽河	2014 年	16	38,46,54～56	n.d.～0.84		0.08	[166]

城市土壤（ng·g⁻¹）

位置	采样时间	样点数	相应栅格	实测浓度的范围	实测浓度的均值	模拟浓度的均值	参考文献
环渤海北部土壤	2008 年	13	18,26～28,36～39,46	n.d.～9.37	1.14	0.18	[157]
环渤海南部土壤	2011 年	7	3～5,10,11,13,14	0.05～0.18	0.11	0.08	[157]

农村土壤（ng·g⁻¹）

位置	采样时间	样点数	相应栅格	实测浓度的范围	实测浓度的均值	模拟浓度的均值	参考文献
环渤海北部土壤	2008 年	23	18,26～27,30～32,36～39,46	n.d.～0.7	0.10	0.05	[157]
环渤海南部土壤	2011 年	33	4～6,10～13,15	n.d.～0.24	0.13	0.10	[157]

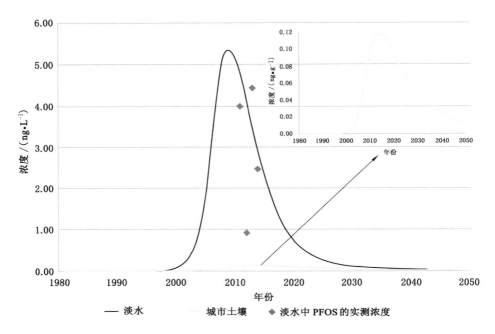

图 4-1　大凌河流域（栅格 46）2011 年至 2014 年淡水和城市土壤中 PFOS 模拟
浓度和实测浓度的对比

（注：淡水和城市土壤中浓度的单位分别为 ng/L 和 ng/g）

高点出现在 2014 年，为 0.12 ng/g（平均值为 0.04 ng/g，中值为 0.03 ng/g）。

不同栅格中模拟浓度峰值出现的时间有些许差异，大多数栅格淡水中
PFOS 模拟浓度的峰值出现在排放峰值的几个月后（2008 年或 2009 年），这表
明淡水中的浓度主要受直接排放的驱动。欧洲十溴二苯醚动态行为的模拟中也
表明了直接排放的这种驱动作用[167]。而大多数栅格里城市土壤中 PFOS 模拟
浓度的峰值出现在 2014 年左右（约排放峰值时间 5 年后），峰值浓度出现时间相
对滞后的原因是土壤中 PFOS 半衰期较长。

第四节　各介质中 PFOS 峰值浓度的空间分布特征

根据排放曲线，污染物排放的峰值也会导致各环境介质在不同年份出现浓
度的峰值。淡水、海水、城市土壤和农村土壤中峰值浓度的空间分布请参考
C. Su 等在 2018 年发表的论文[49]。各环境介质中 PFOS 峰值浓度的空间分布

特征和其排放量的空间分布特征类似,尤其是淡水。大城市和海岸带城市的淡水中 PFOS 的浓度较高,例如北京(栅格 25)、天津(栅格 18,26)、大连(栅格 22,30)、威海(栅格 7)和秦皇岛(栅格 36),其浓度范围为 11.07~20.12 ng/L。对于城市土壤,承德(栅格 41,50)、秦皇岛(栅格 28,36)、天津(栅格 18,26)、唐山(栅格 27)、大连(栅格 30,31)和葫芦岛(栅格 37)的 PFOS 浓度较高。除较高的生活排放如日常用品的使用和废弃外,固体废弃物的填埋、焚烧、倾倒和污水处理也对城市土壤中的 PFOS 浓度分布起着重要的作用。

　　一般地,除栅格 7、12、19、22、32 和 38 外,农村土壤中 PFOS 的浓度远低于城市土壤,原因是这些栅格中农村地区的土壤面积较小。天津市、沧州、烟台和威海农村土壤中 PFOS 的浓度较高,原因也归结为固体废弃物的填埋以及泡沫灭火器和杀虫剂的大量使用。然而,随着我国工业企业从城市地区向农村地区转移,我们有可能低估了农村环境中 PFOS 的排放量。另外,大多数栅格中较大的农村土壤面积也会导致 PFOS 的平均浓度偏低。此外,海水中 PFOS 峰值浓度的空间分布特征和淡水中几乎一致,且海水中的最高浓度分布在海岸度地区如东营、营口、天津和秦皇岛,这表明河水的径流是 PFOS 传输和归趋行为的主要驱动力;而且海水的稀释作用也会使得海水中 PFOS 的浓度降低。虽然介质间的迁移过程和区域间的平流作用对 PFOS 的归趋过程起着重要的作用,但高风险的区域仍分布在排放源附近。

第五节　各区域淡水中 PFOS 浓度的时间分布特征

　　由于淡水是 PFOS 的主要汇,本节我们将分区域、分 3 个时间段(过去,1981—2005;现在,2006—2025;未来,2026—2050)讨论淡水中 PFOS 浓度的时间分布特征。我们将研究区分为以下几个子区域:山东(栅格 1,2,3,4,5,6,7,9,10,11,12,13,14,15,19)、河北(栅格 17,18,25,27,28,34,35,36,41,42,43,50)、北京(栅格 25,33),天津(栅格 18,26)和辽宁(栅格 22,30,31,32,36,37,38,39,40,44,45,46,47,48,54,55,56)。

　　从 1981 年至 2050 年,淡水中 PFOS 的最高浓度分布在天津和北京,其次是河北、辽宁和山东(图 4-2)。在"过去"时期(1981—2005),PFOS 的最高浓度分布在北京,平均值为 0.31 ng/L;其次是天津、河北、山东和辽宁,平均值分别为 0.28、0.21、0.13 ng/L 和 0.12 ng/L;这可能是北京和天津从 1980 年代开始的集约型城市化和工业化导致大量 PFOS 排放造成的[157]。

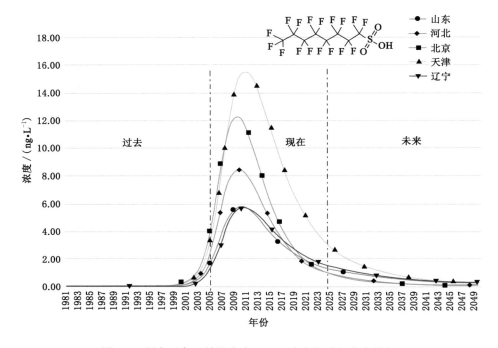

图 4-2 研究区各区域淡水中 PFOS 浓度的时间分布特征

在"现在"时期(2006—2025),所有子区域的 PFOS 水平均高于"过去"时期时期(1981—2005),高浓度仍然分布在天津和北京,其次是河北、山东和辽宁,各平均值依次为 7.59、5.11、3.75、2.97、2.90 ng/L,这和我国从 2003 年开始大量生产并使用 PFOS 及其相关物质紧密相关。与"过去"时期不同,PFOS浓度达到峰值后,北京的 PFOS 浓度下降得比天津快得多。而且,"过去"时期和"现在"时期河北的 PFOS 浓度均值高于山东和辽宁。其中一个原因是,通过河流的平流作用河北地区的浓度会受到北京地区和天津地区的影响;并且,我们将栅格 18 和栅格 25 划分至河北地区,这也会使得河北地区的浓度偏高;然而,在峰值浓度几年后,辽宁和山东的浓度会略高于河北。在"未来"时期(2026—2050),随着海岸带地区加速的城市化和工业化进程[168],各区域的浓度变化与"过去"时期和"现在"时期差异较大。由图 4-3 可看出,山东和辽宁的 PFOS 浓度会渐渐高于北京和河北。在"未来"时期,各区域的 PFOS 浓度按降序排列依次为天津、辽宁、山东、河北和北京,平均值分别为 0.94、0.65、0.63、0.27 ng/L 和 0.21 ng/L。

第六节　PFOS 在各区域介质中的分布特征

通过模拟,各区域 PFOS 在各介质中的分布见图 4-3。

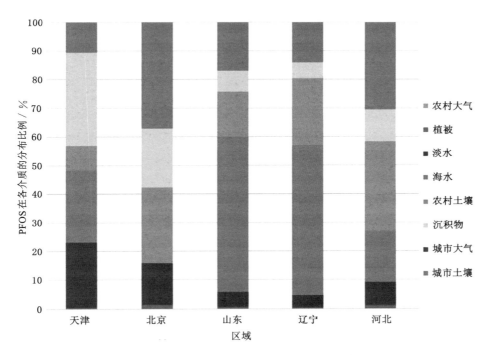

图 4-3　各区域 PFOS 在各介质中的分布

总体上,图 4-3 所有区域中农村大气、城市大气和植被里 PFOS 的总量小于所有介质总量的 2％。对海水面积占比较大的区域如山东和辽宁,海水是 PFOS 储存的最主要介质,超过总量的 50％;其次是农村土壤和城市土壤(约占总量的 32％～37％),淡水和淡水沉积物(约占总量的 9％～13％),这说明海水是 PFOS 最终的汇。对于海水面积占比较小的区域如天津和河北,水圈仍然是 PFOS 主要的汇,包括淡水、淡水沉积物和海水,这 3 个介质中的 PFOS 量约占总量的 37％～80％。北京和上述海岸带区域有所不同,土壤是 PFOS 储存的最主要介质,包括农村土壤(26.42％)和城市土壤(37.06％),其次是淡水(13.58％)和淡水沉积物(22.48％)。此外,鉴于土壤占地面积较大的原因,农村土壤和城市土壤也是河北 PFOS 的主要汇,分别约占总量的 31.24％和 30.47％。出现上述现象的原因是 PFOS 既有亲水性又有亲脂性。然而,本书的模拟结果也有一定的局限性,因为在 BETR-Urban-Rural 模型中并没有考虑海水沉积物对 PFOS 的吸附作用。另外,本章的研究结果和欧洲 BDE-209 的动态模拟结果有所差异,土壤是 BDE-209 的最后的汇。这样的研究结果是合理的,因为 PFOS 和 BDE-209 具有不同的物理化学性质。

第七节　各区域 PFOS 的动态质量平衡关系

与上节类似,我们分析了动态模拟下各区域 PFOS 的质量平衡关系,结果见表 4-4。关于模型的输入,PFOS 的直接排放占总输入的主要部分,尤其是北京,另外区域间的平流作用也是输入的主要过程。对北京而言,淡水是区域间平流作用的主要驱动力;而对于其他区域,淡水和海水对 PFOS 的平流作用贡献最大。

表 4-4　动态模式下 BETR-Urban-Rural 模型中各区域 PFOS 的质量平衡关系 /%

区域	天津	北京	山东	辽宁	河北
直接排放	41.20	76.97	56.43	46.42	57.33
区域间平流过程	58.80	23.03	43.57	53.58	42.67
总输入	100.00	100.00	100.00	100.00	100.00
区域	天津	北京	山东	辽宁	河北
农村大气里的降解过程	0.00	0.00	0.00	0.00	0.00
植被里的降解过程	0.07	0.09	0.04	0.11	0.16
淡水里的降解过程	0.16	0.05	0.02	0.05	0.05
海水里的降解过程	0.18	0.00	0.22	0.62	0.12
农村土壤里的降解过程	0.00	0.01	0.00	0.02	0.01
淡水沉积物里的降解过程	0.07	0.02	0.02	0.02	0.02
城市大气里的降解过程	0.00	0.00	0.00	0.00	0.00
城市土壤里的降解过程	0.00	0.01	0.00	0.01	0.02
区域	天津	北京	山东	辽宁	河北
总降解	0.64	0.18	0.30	0.83	0.38
区域间平流过程	85.60	71.63	67.66	62.85	66.65
流向背景区域	10.58	26.03	30.02	30.76	29.22
残留量	3.18	2.16	2.02	5.56	3.75
总输出	100.00	100.00	100.00	100.00	100.00

　　本章中,PFOS 输出研究区的过程主要包括区域间的平流过程、流向背景区域和降解反应过程。其中,区域间的平流过程是最主要的过程,占总输出的 62%~86%。此外,流向背景区域的量也占总输出较大的比例,尤其是北京、山东、辽宁和河北等临近边界的区域,这些区域里 PFOS 流向背景区域的量约占总量的 30%左右。整体上,PFOS 的降解反应过程主要发生在植被、淡水和海水里;但降解反应过程的量占总量很小的比例,这是由于 PFOS 在各介质中的半衰期太长。模拟结果表明,只有较小比例的 PFOS 残留在环境中,约占总量的 3%左右。

第五章　环渤海地区 PFOA/PFO 多介质传输和归趋行为的模拟

全氟羧酸(PFCAs)由于其特有的属性近年来被广泛应用于生活及工业应用方面。在所有全氟羧酸中,全氟辛酸及其盐类(PFOA/PFO)引起了许多科研工作者的关注。由于亚洲最大的氟化工园区分布在环渤海地区,而且近年来我们通过在研究区的采样调查发现 PFOA/PFO 是多个环境介质以及生物体内浓度最高的同系物[169-172],给当地居民带来巨大的潜在健康风险。因此,本章首先估算了 2012 年 PFOA/PFO 在环境介质中的排放量及其分布,之后应用 BETR-Urban-Rural 模型模拟了 PFOA/PFO 的传输和迁移行为。

第一节　多形态 BETR-Urban-Rural 模型

鉴于全氟辛酸在环境中既有中性态的酸(PFOA)存在,又有离子态的盐离子(PFO)存在,因此利用酸解离常数(pK_a)来解释并模拟 PFOA/PFO 的传输过程是必须的。这里我们识别了 PFOA/PFO 两种形态下的物理化学性质,并应用分配比方法借用解离常数和环境介质的 pH 值描述了 PFOA 和 PFO 的互相转换过程。以有机碳分配系数(K_{oc})和气/水分配系数(K_{AW})为例,优化后的公式如下:

$$R_a = 10^{(p_{pH} - pK_a)} \tag{5-1}$$

$$D_{oc}^{PFOA/PFO} = \frac{1}{1+R_a} K_{oc}^{PFOA} + \frac{R_a}{1+R_a} K_{oc}^{PFO} \tag{5-2}$$

$$D_{AW}^{PFOA/PFO} = \frac{1}{1+R_a} K_{AW}^{PFO} \tag{5-3}$$

式中,p_{pH} 表示环境介质的 pH 值;$D_{oc}^{PFOA/PFO}$ 表示修正后的 K_{oc};$D_{AW}^{PFOA/PFO}$ 表示修正后的 K_{AW};K_{oc}^{PFOA} 和 K_{oc}^{PFO} 分别表示中性态 PFOA 和离子态 PFO 的有机碳分配系数。

第二节 PFOA 和 PFO 的物理化学性质

PFOA/PFO 的排放量、物理化学性质、环境参数和空气/水流动矩阵是模型运行的必要参数。PFOA 和 PFO 的物理化学性质见表 5-1。目前一些文献报道了 PFOA 在不同条件下不同的 pK_a 值，如 $3.8、2.5、1.3、0$[173-177]。本节采用 D.C.Burns 等报道的 pK_a 值 3.8[173]。此外，当 PFOA/PFO 排放进环境后，它们具有很强的稳定性，几乎没有明显的挥发、水解、生物或者非生物降解现象[178-180]。PFOA 和 PFO 在淡水和海水中的半衰期见表 5-1；在其他环境介质中，两种形态的降解速率均假设为每年降解 0.01%[179]。

表 5-1　PFOA/PFO 的物理化学性质*

性质	摩尔质量 /(g·mol^{-1})	熔点/℃	溶解度 /(g·m^{-3})	蒸气压 /Pa	Log(K_{oc})	Log(K_{AW})	pK_a
PFOA	414.1	53	3 500	2.2	2.06	−2.4	3.8
PFO (APFO)	431.1	161	14 200	0.008	2.00	—	—
性质	$\tau_{1/2}$ Soil	$\tau_{1/2}$ Veg.	$\tau_{1/2}$ FW.	$\tau_{1/2}$ CW.	$\tau_{1/2}$ Sed.	$\tau_{1/2}$ LA	
PFOA	6 895	6 895	3 558	5 990	6 895	6 895	
PFO (APFO)	6 895	6 895	3 558	5 990	6 895	6 895	

注：$\tau_{1/2}$ LA 表示 PFOA/PFO 在低层大气（包括城市大气和农村大气）的半衰期，h；$\tau_{1/2}$ Soil 表示 PFOA/PFO 在土壤（包括城市土壤和农村土壤）的半衰期，h；$\tau_{1/2}$ Veg.表示 PFOA/PFO 在植被中的半衰期，h；$\tau_{1/2}$ FW.表示 PFOS 在淡水中的半衰期，h；$\tau_{1/2}$ CW.表示 PFOA/PFO 在海水中的半衰期，h；$\tau_{1/2}$ Sed.表示 PFOA/PFO 在淡水沉积物中的半衰期，h；pK_a 表示 PFOA 的解离常数；K_{oc} 表示 PFOA/PFO 的土壤（沉积物）分配系数，L/kg；K_{AW} 表示 PFOA 的气/水分配系数[173-183]。

第三节 环渤海地区 PFOA/PFO 的排放估算

一、估算方法

PFOA/PFO 从生产、应用到废弃的整个生命周期都会排放一定的量进环境。J. Meng 等应用生命周期分析方法估算了我国 2012 年 PFOA/PFO 的排放总量[184]。在此基础上，本章估算了研究区点源和非点源的 PFOA/PFO 从生产、应用到废弃各个阶段的排放量,然后计算了各个介质 PFOA/PFO 的排放总量。随后,根据 PFOA/PFO 的排放方式及排放量,将各个介质的排放总量划分到各个城市。以土壤中 PFOA/PFO 的排放量的计算过程为例,根据各市 PFOA/PFO、含氟聚合物、全氟辛烷磺酰氟(POSF)产品的生产量,金属电镀、泡沫灭火器的使用量,火灾发生数,杀虫剂的使用量,废水排放量,工业固体废弃物的产生量,计算得到了各城市土壤中 PFOA/PFO 的排放量。最后,根据排放源的位置(工业源)和栅格占相应城市的面积(生活源),可计算得到各栅格土壤中 PFOA/PFO 的排放量。

二、排放量估算

基于上述 PFOA/PFO 的排放估算方法,我们估算得到了各栅格淡水、农村大气、城市大气、农村土壤和城市土壤中 PFOA/PFO 的排放量。PFOA/PFO 的排放总量和其在各介质中的分布状况见图 5-1 所示。

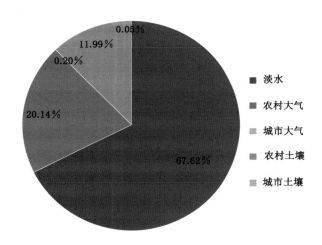

图 5-1　环渤海地区 PFOA/PFO 各介质中排放量的分布特征

据估算结果,环渤海地区 2012 年 PFOA/PFO 排放到淡水、农村大气、城市大气、农村土壤和城市土壤的总量分别是 28 165.98 kg、8 388.53 kg、82.46 kg、4 995.45 kg、21.73 kg。PFOA/PFO 排放到农村地区的总量远远大于城市地区,其中,工业排放的总量远远大于生活排放的总量。环渤海农村地区范围内共有 3 个氟化工园区生产聚四氟乙烯等产品。其中一个位于山东淄博,是我国最大的氟化工园区,此园区排放到淡水(小清河流域)、大气和土壤的总量分别达 20.90 t、6.70 t、3.94 t。另外两个园区分别位于济南和阜新(分别位于栅格 1 和栅格 46),这两个园区的排放量几乎相等,排放至淡水(分别排放至小清河流域和大凌河流域)、大气和土壤的量分别是 2.50 t、0.80 t、0.47 t。从上述结果及图 5-1 可看出,淡水是 PFOA/PFO 排放的主要介质,排入淡水的 PFOA/PFO 的量占总量的 67.62%,其次是农村大气和农村土壤,分别占总量的 20.14% 和 11.99%。而 PFOA/PFO 排放至城市环境包括城市大气和城市土壤的量少于排放总量的 1.00%。

我们分析了从 PFOA/PFO 排放量的空间分布图,发现栅格 3、1 和 46 及其周围栅格中淡水、农村大气和农村土壤的排放量显著高于其他栅格。而各栅格中城市土壤里的排放量没有显著差异,但北京、天津和山东的部分城市的城市土壤排放量略高于其他栅格。此外,山东部分城市大气的排放量相对高于其他地区,这要归结于这些地区高度集中的含氟聚合物的应用。

第四节　模型输出及精度验证

输入 PFOA/PFO 排放量及环境参数后,在模型稳态条件下得到了 PFOA/PFO 在各环境介质中的浓度。我们首先通过比较 PFOA/PFO 在淡水、淡水沉积物、城市土壤、农村土壤里模拟浓度和实测浓度的差异验证了模型的精度,结果见表 5-2。表 5-2 中 2011 年至 2014 年的 PFOA/PFO 的实测浓度从文献里获得。从表 5-2 可看出,总体上,PFOA/PFO 的模拟浓度与实测浓度基本处于同一区间内,高度吻合;单因素方差分析(ANOVA)的统计结果表明 PFOA/PFO 模拟浓度的均值和实测浓度的均值之间没有明显差异($P > 0.05$)。在大多数情况下,PFOA/PFO 的模拟浓度略低于其实测浓度,原因是其模拟浓度代表一个栅格(或区域)内的平均浓度而其实测浓度随着采样时间、采样地点的变化呈现较大的变化。实际上,随着聚四氟乙烯等产品的年产量稳定增长,PFOA/PFO 在 2012 年的模拟浓度位于 2011 年和 2014 年的实测浓度之间是合理的。另外,PFOA/PFO 在土壤和淡水沉积物里的模拟浓度远低于实测浓度,尤其是在农村土壤。一方面,农村地区较大的土地面积导致 PFOA/PFO 的平均浓度较低;另一方面,模型里将 PFOA/PFO 的 Log K_{oc} 值设置为 2.06,而其实测的 Log K_{oc} 值在 1.8 到 3.7 之间波动。

表 5-2　PFOA/PFO 在淡水、淡水沉积物、城市土壤、农村土壤里实测浓度和模拟浓度的对比

淡水/(ng·L⁻¹)

位置	采样时间	样点数	实测浓度的范围	实测浓度的均值	相应栅格	模拟浓度的范围	模拟浓度的均值	参考文献
大凌河	2011 年	26	0.60~348.00	110.91*	38,45,46,54	15.71~359.47	113.86*	[153]
大凌河	2012 年	19	0.58~675.00	199.88*	38,45,46,54	15.71~359.47	113.86*	[165]
大凌河	2013 年	18	n.d.~2280.00	271.25a	38,45,46,54	15.71~359.47	113.86a	[185]
小清河	2014 年	36	21.60~341000.00	14386.07a	1~3,10~11	53.61~32571.57	6575.37a	[186]

淡水沉积物/(ng·g⁻¹)

位置	采样时间	样点数	实测浓度的范围	实测浓度的均值	相应栅格	模拟浓度的范围	模拟浓度的均值	参考文献
大凌河	2011 年	26	0.66~8.97	2.15*	38,45,46,54	0.02~1.93	0.56*	[153]
小清河	2014 年	33	0.16~98.00	20.04a	1~3,10~11	0.11~68.59	13.87a	[186]

城市土壤/(ng·g⁻¹)

位置	采样时间	样点数	实测浓度的范围	实测浓度的均值	相应栅格	模拟浓度的范围	模拟浓度的均值	参考文献
环渤海南部	2011 年	7	n.d.~0.93	0.26*	3~5,10,11,13,14	0~0.60	0.10*	[157]

农村土壤/(ng·g⁻¹)

位置	采样时间	样点数	实测浓度的范围	实测浓度的均值	相应栅格	模拟浓度的范围	模拟浓度的均值	参考文献
环渤海南部	2011 年	29	n.d.~13.30	0.82*	3~6,10~13,15	0~2.85	0.33*	[157]

注：* 单因素方差分析结果表明 PFOA/PFO 模拟浓度和实测浓度的均值之间无明显差异（$P>0.05$）；
a 表示缺乏原始数据对数据进行方差分析。

第五节   各介质 PFOA/PFO 浓度的空间分布特征

本节将首先解析环渤海地区 PFOA/PFO 的传输和归趋行为,然后讨论 PFOA/PFO 和 PFOS 之间的差异。这部分的内容包括 PFOA/PFO 的归趋过程,淡水中 PFOA/PFO 污染途径的分析,栅格间的平流过程,降解过程和介质间迁移过程。

一、环渤海地区 PFOA/PFO 的归趋过程

根据模拟的各介质中 PFOA/PFO 的量,我们识别了 PFOA/PFO 的归趋过程,见图 5-2。由于 PFOA/PFO 和 PFOS 具有不同的官能团,它们的归趋过程也有显著差异。不同于 PFOS,水圈是 PFOA/PFO 最主要的汇,其中海水、淡水和淡水沉积物中 PFOA/PFO 的量分别占总量的 42.12%,41.23%,2.53%。然而,从长远看来,海水可能是 PFOA/PFO 的最终汇。只有 7.03% 的 PFOA/PFO 的量存储在土壤中(农村土壤和城市土壤分别占 6.39% 和 0.64%);对比于 PFOS,土壤是 PFOS 最主要的汇,其中的量约占总量的 50%。出现上述现象的主要原因是,淡水是 PFOA/PFO 排放的主要受体,且从淡水到土壤的迁移通量非常小。另外,不同的物理化学性质、不同的生产和应用方式、不同的排放方式都有可能造成 PFOA/PFO 和 PFOS 的归趋不同。

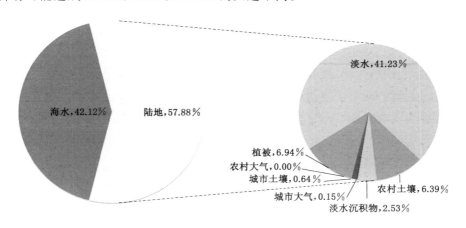

图 5-2   PFOA/PFO 在环渤海地区的介质分布

除水圈和土壤外,植被也是 PFOA/PFO 一个主要的汇,其中储存着总量的 6.94%,这主要是由大气沉降过程造成的,而且相关研究表明碳链长度少于 8 的

PFAAs 更容易在叶片中吸收累积[187]。最后,即使有大量的 PFOA/PFO 直接排入农村大气,而最后储存在农村大气和城市大气中的量也少于 0.2%;其原因是从大气向其他介质的迁移通量远远大于从其他介质向大气的迁移通量。

二、淡水中 PFOA/PFO 污染途径分析

根据 PFOA/PFO 进入淡水中的传输通量,本节探讨了 PFOA/PFO 的潜在污染途径,结果见图 5-3。结果表明,淡水中的直接排放、栅格间淡水的流入、从淡水沉积物到淡水的迁移传输是淡水中 PFOA/PFO 的最主要污染途径。3 种途径的迁移通量分别占总通量的 47.18%、41.45%、11.12%,这表明不仅仅污染源的直接排放对 PFOA/PFO 的污染起着决定作用,栅格间淡水的平流作用对淡水中 PFOA/PFO 的污染也起着重要的作用。

三、PFOA/PFO 的平流和降解过程

我们用栅格间大气、淡水、海水的流入、流出通量来表示 PFOA/PFO 平流过程的通量,结果见图 5-4。从图 5-4 可明显看出,对于在渤海边上的栅格,栅格间海水的平流作用是环渤海地区 PFOA/PFO 空间迁移的主要驱动力;而对于其他栅格,栅格间淡水的平流作用是 PFOA/PFO 空间迁移的主要驱动力。相反地,空气的流入、流出通量非常小,这一点和 PFOS 的空间迁移过程驱动力分析结果类似。那么,可以推断出环渤海地区 PFOA/PFO 的空间分布及迁移的主导驱动力是水。

在本章的模拟结果中,由于 PFOA/PFO 在各介质中的半衰期极长,其降解速率小到可以忽略不计。因此,PFOA/PFO 从环境中移除的主要过程是平流过程,包括大气/水的流出过程、植被的生长稀释作用、土壤的淋溶作用和淡水沉积物的掩埋作用。

四、PFOA/PFO 介质间迁移通量的分析

不同的栅格介质间迁移过程有较大的差异,大致可以分为 3 类。第一类为完全位于海域上的栅格,从农村大气到海水之间的传输是此类栅格里 PFOA/PFO 迁移的主要过程;而由于 PFOA/PFO 相当低的饱和蒸气压,从海水到农村大气的传输通量小到可以忽略,详情请参考 C. Su 等 2018 年发表的论文[51]。第二类是包含部分渤海的栅格,从淡水到海水的径流过程是 PFOA/PFO 空间迁移的主导过程,其次是从淡水到淡水沉积物和从淡水沉积物到淡水的传输通量。尤其是栅格 26 里,PFOA/PFO 和 PFOS 介质间迁移过程的通量有些许差异,对于 PFOS 而言,从淡水到淡水沉积物和从淡水沉积物到淡水的传输通量远大于 PFOA/PFO 的[123]。第三类是完全位于陆地上的栅格,从农村土壤到植被是

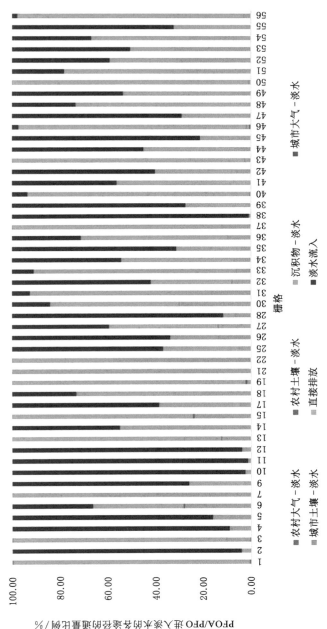

图 5-3　环渤海地区淡水中 PFOA/PFO 的来源

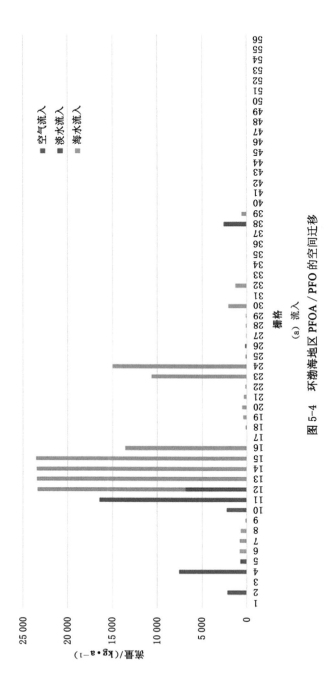

图 5-4　环渤海地区 PFOA / PFO 的空间迁移

（a）流入

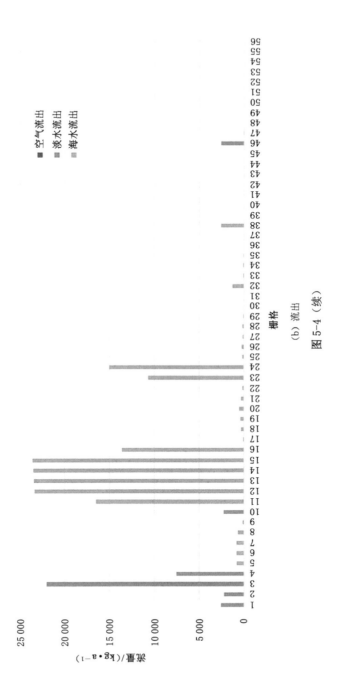

(b) 流出

图 5-4 (续)

PFOA/PFO 最主要的迁移过程,其次是从植被到农村土壤和淡水、淡水沉积物之间的相互迁移过程。这一点,PAHs 和 PFOA/PFO 表现出明显差异,对 PAHs 而言,城市地区以及农村地区大气和土壤之间的相互传输过程是 PAHs 在陆地环境中的最主要迁移过程。

另外,据估计,2012 年 PFOA/PFO 进入渤海的通量高达 24.57 t,其中大部分来自淡水。这个数量大约是 PFOS 的 100 倍,主要是由研究区氟化工园区的聚集导致的。

各介质中 PFOA/PFO 模拟浓度的范围如下:淡水 1.73～32 571.57 ng/L(中值为 27.17 ng/L),淡水沉积物 0～68.59 ng/g 干重(中值为 0.06 ng/g 干重),城市土壤 0～0.60 ng/g 干重(中值为 0.01 ng/g 干重),农村土壤 0～2.85 ng/g 干重(中值为 0.01 ng/g 干重),植被 0.01～80.43 ng/g 干重(中值为 0.09 ng/g 干重),海水 0.03～151.78 ng/L(中值为 2.11 ng/L);且各介质中浓度的变异系数(CV)分别为 6.34、6.65、3.86、5.13、4.49、1.87。综上所述,PFOA/PFO 在淡水和海水里的浓度较高,故我们以这两个介质为例分析了 PFOA/PFO 浓度的空间分布特征[51]。

根据模拟结果,淡水中浓度最高的栅格位于小清河流域,栅格 3 里 PFOA/PFO 浓度高达 32.57 $\mu g/L$,栅格 4 里 PFOA/PFO 浓度高达 3.59 $\mu g/L$;其次是大凌河流域,栅格 46 里 PFOA/PFO 浓度高达 0.36 $\mu g/L$;淄博市和阜新市氟化工园区的工业排放是造成上述现象的最主要原因。虽然栅格 4 包含小清河流域的一部分,但由于栅格 3 淡水的平流作用,栅格 4 的模拟浓度有可能略高于实际浓度。而包含济南氟化工园区的栅格 1 并没有呈现出很高的浓度(53.61 ng/L),这可能是因为栅格 1 临近研究区边界且从该栅格流出的通量远远高于流入该栅格的通量。另外,由于海水水量巨大的稀释作用,PFOA/PFO 在海水中的浓度远低于其在淡水中的浓度。整个研究区海水中的最高浓度是 151.78 ng/L(栅格 11),位于小清河流域的下游;其次是栅格 18 和栅格 26(天津),浓度分别是 23.37 ng/L 和 13.34 ng/L,这和天津巨大的工业和生活排放是紧密相关的。

对于大多数栅格而言,由于从土壤到淡水的径流作用,PFOA/PFO 在农村土壤和城市土壤里的浓度较低。而且,除栅格 1、3 和 46 外,PFOA/PFO 在城市土壤中的浓度略高于农村土壤;而上述 3 个栅格里农村土壤的 PFOA/PFO 浓度约是城市土壤的 2 倍。PFOA/PFO 在农村土壤里的最高浓度是 3.02 ng/g,位于栅格 3;其次是栅格 46(阜新)和栅格 1(济南),浓度分别为 0.62 ng/g 和 0.60 ng/g。

此外,PFOA/PFO 在植被里的浓度分布特征和农村大气、农村土壤的排放分布特征基本一致。PFOA/PFO 在植被里的最高浓度高达 80.43 ng/g,同样位于栅格 3;其次是栅格 46 和栅格 1,浓度分别是 18.29 ng/g 和 13.13 ng/g。造成植被里 PFOA/PFO 浓度较高的主要原因是从农村大气到植被的传输通量和植物根从土壤里的吸收量较大。

第六节　敏感性分析和不确定分析

一、敏感性分析

我们用参数的敏感性来衡量参数误差对模型模拟结果的影响程度,参数敏感性越高,表明参数对模型的模拟结果的影响越大。鉴于淡水不仅是 PFOA/PFO 排入的主要介质和 PFOA/PFO 的主要汇,也是 PFOA/PFO 空间传输的主要驱动力,本节我们以栅格 26 为例进行敏感性分析来确定影响淡水中 PFOA/PFO 浓度的主要因素。在分析时,每个参数被扩大 0.1%,并通过式(6-1)计算得到其敏感性 S:

$$S = (Y_{1.001} - Y)/0.001 \times Y \tag{5-4}$$

式中,S 为参数的敏感度;Y 为模型原始的模拟值;$Y_{1.001}$ 为将参数扩大 0.1% 后的模型输出值。

敏感性分析结果表明淡水的流通速率(从栅格 18 到栅格 26)和 PFOA/PFO 到淡水的排放量是淡水中浓度最敏感的参数,其次是栅格的总表面积、栅格内淡水的面积比和 PFOA/PFO 在淡水中的半衰期等,具体结果见表 5-3。

二、不确定性分析

由于模型的诸多输入参数都存在一定程度的变异性,这些变异性会导致模型的输出结果包括 PFOA/PFO 的浓度、迁移通量等存在一定的不确定性。因此,有必要对模型的输出结果进行不确定性分析,观察输入参数的不确定性对输出结果不确定性的影响。

我们以栅格 26 为例,采用 Monte Carlo 模拟方法评估了 10 个最敏感的参数对淡水中 PFOA/PFO 浓度的不确定性的影响。首先分析了敏感参数的分布特征和变异性,代入模型运行 10 000 次模拟后,便得到淡水中 PFOA/PFO 浓度的排放分布图,见图 5-5。通过模拟,表明估算的淡水中 PFOA/PFO 的分布符合对数正态分布,且 Monte Carlo 模拟的淡水中 PFOA/PFO 的浓度均值为 71.38 ng/L。但是,淡水中 PFOA/PFO 的浓度的变异系数较大(1.33),表明其具有较高的不确定性,这是由 PFOA/PFO 在淡水中半期的高变异性导致的。

表 5-3 影响淡水中 PFOA/PFO 浓度的关键参数的敏感度、变异系数、平均值和标准差

PFOA/PFO 的浓度	参数	栅格号	|S|	变异系数	平均值	标准差	参考文献
淡水/(ng·L⁻¹)	淡水平流速率/(m³·h⁻¹)	18~26	0.857 8	0.35	$4.67×10^3$	$1.61×10^3$	—
	淡水中的排放量/(kg·a⁻¹)	26	0.213 9	0.50	66.00	33.00	—
	总表面积/km²	26	0.093 5	0	$9.41×10^3$	0	—
	栅格内淡水的面积比	26	0.079 4	0	8.34	0	—
	淡水中的半衰期/h	26	0.068 3	1.31	$3.56×10^3$	$4.67×10^3$	[179,183]
	淡水的平均深度/m	26	0.057 2	0	5.00	0	—
	淡水沉积物中固体的有机碳分数	26	0.034 5	0.88	0.08	0.07	[11,48]
	淡水沉积物沉积速率/(m·h⁻¹)	26	0.031 6	0.20	$4.60×10^{-6}$	$9.2×10^{-7}$	[11,48]
	PFO 的溶解度/(g·m⁻³)	26	0.022 7	0	$1.42×10^4$	0	[179]
	海水中的半衰期/h	26	0.018 5	0.21	$5.99×10^3$	$1.23×10^3$	[179,183]

备注：\|S\| 表示敏感度的绝对值。

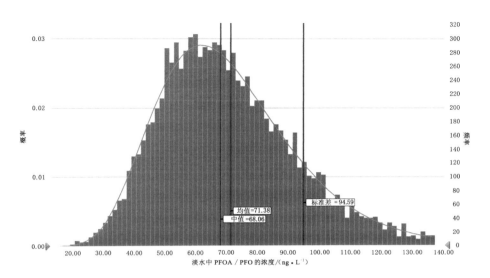

图 5-5　天津淡水里 PFOA/PFO 的浓度估算值分布

参 考 文 献

［1］LEWIS G N. The law of physico-chemical change［J］. Proceedings of the American Academy of Arts and Sciences，1901，37：49-69.

［2］MACKAY D. Finding fugacity feasible［J］. Environmental science & technology，1979，13：1218-1223.

［3］MACKAY D，PATERSON S. Calculating fugacity［J］. Environmental science & technology，1981，15：1006-1014.

［4］MACKAY D，PATERSON S. Fugacity revisited：the fugacity approach to environmental transport［J］. Environmental science & technology，1982，16：654A-660A.

［5］MACKAY D，PATERSON S，CHEUNG B，et al. Evaluating the environmental behavior of chemicals with a level Ⅲ fugacity model［J］. Chemosphere，1985，14（3/4）：335-374.

［6］COUSINS I T，MACKAY D. Strategies for including vegetation compartments in multimedia models［J］. Chemosphere，2001，44：643-654.

［7］MACKAY D. Multimedia environmental models：the fugacity approach［M］. 2nd ed. Boca Raton：Lewis Publishers，2001.

［8］MACKAY D，PATERSON S. Evaluating the multimedia fate of organic chemicals：a level Ⅲ fugacity model［J］. Environmental science & technology，1991，25：427-436.

［9］LIU S J，LU Y L，WANG T Y，et al. Using gridded multimedia model to simulate spatial fate of Benzo［α］pyrene on regional scale［J］. Environment international，2014，63：53-63.

［10］BENNETT D H，MCKONE T E，MATTHIES M，et al. General formulation of characteristic travel distance for semivolatile organic chemicals in a multimedia environment［J］. Environmental science &

technology,1998,32:4023-4030.

[11] CAO H Y,TAO S,XU F L,et al.Multimedia fate model for hexachloro-cyclohexane in Tianjin,China[J].Environmental science & technology,2004,38:2126-2132.

[12] COULIBALY L, LABIB M E, HAZEN R.A GIS-based multimedia watershed model:development and application[J].Chemosphere,2004,55:1067-1080.

[13] HUANG L,BATTERMAN S A.Multimedia model for polycyclic aromatic hydrocarbons (PAHs) and nitro-PAHs in Lake Michigan[J].Environmental science & technology,2014,48:13817-13825.

[14] ZHANG Q Q,YING G G,PAN C G,et al.Comprehensive evaluation of antibiotics emission and fate in the river basins of China:source analysis,multimedia modeling,and linkage to bacterial resistance[J]. Environmental science & technology,2015,49:6772-6782.

[15] ZHANG X L,TAO S,LIU W X,et al.Source diagnostics of polycyclic aromatic hydrocarbons based on species ratios:a multimedia approach [J].Environmental science & technology,2005,39:9109-9114.

[16] AO J T,CHEN J W,TIAN F L,et al.Application of a level Ⅳ fugacity model to simulate the long-term fate of hexachlorocyclohexane isomers in the lower reach of Yellow River Basin,China[J].Chemosphere,2009,74:370-376.

[17] SWEETMAN A J,COUSINS I T,SETH R,et al.A dynamic level Ⅳ multimedia environmental model:application to the fate of polychlorinated biphenyls in the United Kingdom over a 60-year period[J].Environmental toxicology and chemistry,2002,21:930-940.

[18] MACKAY D,JOY M,PATERSON S.A quantitative water,air,sediment interaction (QWASI) fugacity model for describing the fate of chemicals in lakes[J].Chemosphere,1983,12(7/8):981-997.

[19] MACKAY D,PATERSON S,JOY M.A quantitative water,air,sediment interaction (QWASI) fugacity model for describing the fate of chemicals in rivers[J].Chemosphere,1983,12(9/10):1193-1208.

[20] MACKAY D,DIAMOND M L.Application of the QWASI (quantitative

water air sediment interaction) fugacity model to the dynamics of organic and inorganic chemicals in lakes[J].Chemosphere,1989,18(7/8):1343-1365.

[21] DIAMOND M L.Development of a fugacity/aquivalence model of mercury dynamics in lakes[J].Water,air,and soil pollution,1999,111:337-357.

[22] DIAMOND M L,GANAPATHY M,PETERSON S,et al.Mercury dynamics in the Lahontan Reservoir,Nevada:application of the QWASI fugacity/ aquivalence multispecies model[J].Water,air,and soil pollution,2000,117: 133-156.

[23] WOODFINE D G,SETH R,MACKAY D,et al.Simulating the response of metal contaminated lakes to reductions in atmospheric loading using a modified QWASI model[J].Chemosphere,2000,41:1377-1388.

[24] DI GUARDO A,FERRARI C,INFANTION A.Development of a dynamic aquatic model (DynA model):estimating temporal emissions of DDT to lake maggiore (N.Italy)[J].Environmental science and pollution research,2006, 13:50-58.

[25] INFANTINO A,PEREIRA T,FERRARI C,et al.Calibration and validation of a dynamic water model in agricultural scenarios[J].Chemosphere,2008,70: 1298-1308.

[26] MORSELLI M,SEMPLICE M,DE LAENDER F,et al.Importance of environmental and biomass dynamics in predicting chemical exposure in ecological risk assessment[J].Science of the total environment,2015, 526:338-345.

[27] MORSELLI M,TERZAGHI E,DI GUARDO A.Do environmental dynamics matter in fate models? Exploring scenario dynamics for a terrestrial and an aquatic system[J].Environmental science:processes & impacts,2018,20: 145-156.

[28] BJÖRKLUND K,COUSINS A P,STRÖMVALL A M,et al.Phthalates and nonylphenols in urban runoff:occurrence, distribution and area emission factors [J]. Science of the total environment, 2009, 407: 4665-4672.

[29] DALLA VALLE M,MARCOMINI A,SFRISO A,et al.Estimation of PCDD/F distribution and fluxes in the Venice Lagoon,Italy:combining

measurement and modelling approaches[J].Chemosphere,2003,51: 603-616.

[30] LIU Y,LI C Y,ANDERSON B,et al.A modified QWASI model for fate and transport modeling of mercury between the water-ice-sediment in Lake Ulansuhai[J].Chemosphere,2017,176:117-124.

[31] MACKAY D, HUGHES L, POWELL D E, et al.An updated Quantitative Water Air Sediment Interaction (QWASI) model for evaluating chemical fate and input parameter sensitivities in aquatic systems:application to D5 (decamethylcyclopentasiloxane) and PCB-180 in two lakes[J].Chemosphere, 2014,111:359-365.

[32] WEBSTER E,LIAN L T,MACKAY D,et al.Application of the quantitative water air sediment interaction (QWASI) model to the great lakes[R]. Peterborough,Canada:Canadian Environmental Modelling Centre,2005.

[33] XU F L,QIN N,ZHU Y,et al.Multimedia fate modeling of polycyclic aromatic hydrocarbons (PAHs) in Lake Small Baiyangdian,Northern China[J].Ecological modelling,2013,252:246-257.

[34] DIAMOND M L,PRIEMER D A,LAW N L.Developing a multimedia model of chemical dynamics in an urban area[J].Chemosphere,2001,44: 1655-1667.

[35] PRIEMER D A,DIAMOND M L.Application of the multimedia urban model to compare the fate of SOCs in an urban and forested watershed [J].Environmental science & technology,2002,36:1004-1013.

[36] DIAMOND M L,GINGRICH S E,FERTUCK K,et al.Evidence for organic film on an impervious urban surface:characterization and potential teratogenic effects[J].Environmental science & technology,2000,34:2900-2908.

[37] CSISZAR S A,DIAMOND M L,THIBODEAUX L J.Modeling urban films using a dynamic multimedia fugacity model[J].Chemosphere, 2012,87:1024-1031.

[38] CSISZAR S A,DAGGUPATY S M,VERKOEYEN S,et al.SO-MUM:a coupled atmospheric transport and multimedia model used to predict intraurban-scale PCB and PBDE emissions and fate[J].Environmental science & technology,2013,47:436-445.

［39］CSISZAR S A,DIAMOND M L,DAGGUPATY S M.The magnitude and spatial range of current-use urban PCB and PBDE emissions estimated using a coupled multimedia and air transport model［J］.Environmental science & technology,2014,48:1075-1083.

［40］DIAMOND M L,MELYMUK L,CSISZAR S A,et al.Estimation of PCB stocks,emissions,and urban fate:will our policies reduce concentrations and exposure? ［J］.Environmental science & technology,2010,44: 2777-2783.

［41］DOMÍNGUEZ-MORUECO N,DIAMOND M L,SIERRA J,et al.Application of the Multimedia Urban Model to estimate the emissions and environmental fate of PAHs in Tarragona County,Catalonia,Spain［J］.Science of the total environment,2016,573:1622-1629.

［42］GINGRICH S E,DIAMOND M L,STERN G A,et al.Atmospherically derived organic surface films along an urban-rural gradient ［J］. Environmental science & technology,2001,35:4031-4037.

［43］JONES-OTAZO H A,CLARKE J P,DIAMOND M L,et al.Is house dust the missing exposure pathway for PBDEs? An analysis of the urban fate and human exposure to PBDEs ［J］. Environmental science & technology,2005,39:5121-5130.

［44］KWAMENA N A,CLARKE J,KAHAN T,et al.Assessing the importance of heterogeneous reactions of polycyclic aromatic hydrocarbons in the urban atmosphere using the Multimedia Urban Model ［J］. Atmospheric environment,2007,41:37-50.

［45］CANADELL J G,PATAKI D E,PITELKA L F.Terrestrial ecosystems in a changing world［M］.Berlin,Heidelberg:Springer Berlin Heidelberg,2007.

［46］ZHANG X M,DIAMOND M L,IBARRA C,et al.Multimedia modeling of polybrominated diphenyl ether emissions and fate indoors ［J］. Environmental science & technology,2009,43:2845-2850.

［47］MACLEOD M,WOODFINE D G,MACKAY D,et al.BETR North America:a regionally segmented multimedia contaminant fate model for North America ［J］.Environmental science and pollution research,2001,8:156-163.

［48］SONG S,SU C,LU Y L,et al.Urban and rural transport of semivolatile organic compounds at regional scale: a multimedia model approach[J]. Journal of environmental sciences,2016,39:228-241.

[49] SU C,LU Y L,WANG T Y,et al.Dynamic multimedia fate simulation of Perfluorooctane Sulfonate (PFOS) from 1981 to 2050 in the urbanizing Bohai Rim of China[J].Environmental pollution,2018,235:235-244.

[50] SU C,SONG S,LU Y L,et al.Potential effects of changes in climate and emissions on distribution and fate of perfluorooctane sulfonate in the Bohai Rim,China[J].Science of the total environment,2018,613/614: 352-360.

[51] SU C,SONG S,LU Y L,et al.Multimedia fate and transport simulation of perfluorooctanoic acid/perfluorooctanoate in an urbanizing area [J]. Science of the total environment,2018,643:90-97.

[52] LIU S J,LU Y L,XIE S W,et al.Exploring the fate,transport and risk of Perfluorooctane Sulfonate (PFOS) in a coastal region of China using a multimedia model[J].Environment international,2015,85:15-26.

[53] MACLEOD M,RILEY W J,MCKONE T E.Assessing the influence of climate variability on atmospheric concentrations of polychlorinated biphenyls using a global-scale mass balance model (BETR-global)[J]. Environmental science & technology,2005,39:6749-6756.

[54] MACLEOD M, VON WALDOW H, TAY P, et al. BETR global—A geographically-explicit global-scale multimedia contaminant fate model [J].Environmental pollution,2011,159:1442-1445.

[55] PAUL A G,HAMMEN V C,HICKLER T,et al.Potential implications of future climate and land-cover changes for the fate and distribution of persistent organic pollutants in Europe [J]. Global ecology and biogeography,2012,21(1):64-74.

[56] PREVEDOUROS K,JONES K C,SWEETMAN A J.European-scale modeling of concentrations and distribution of polybrominated diphenyl ethers in the pentabromodiphenyl ether product[J].Environmental science & technology, 2004,38(22):5993-6001.

[57] PREVEDOUROS K,MACLEOD M,JONES K C,et al.Modelling the fate of persistent organic pollutants in Europe:parameterisation of a gridded

distribution model[J].Environmental pollution,2004,128:251-261.

[58] WÖHRNSCHIMMEL H,MACLEOD M,HUNGERBUHLER K.Emissions,fate and transport of persistent organic pollutants to the Arctic in a changing global climate[J]. Environmental science & technology, 2013,47:2323-2330.

[59] WANIA F,MACKAY D.Modelling the global distribution of toxaphene: a discussion of feasibility and desirability [J]. Chemosphere, 1993, 27(10):2079-2094.

[60] WANIA F,MACKAY D. A global distribution model for persistent organic chemicals[J].Science of the total environment,1995,160/161: 211-232.

[61] CZEPLAK G,JUNGE C.Studies of interhemispheric exchange in the troposphere by a diffusion model[J].Advances in geophysics,1975,18: 57-72.

[62] KEELING C D,HEIMANN M.Meridional eddy diffusion model of the transport of atmospheric carbon dioxide:2.Mean annual carbon cycle[J]. Journal of geophysical research:atmospheres,1986,91(D7):7782-7796.

[63] SCHERINGER M. Persistence and spatial range as endpoints of an exposure-based assessment of organic chemicals [J]. Environmental science & technology,1996,30:1652-1659.

[64] SCHERINGER M,SALZMANN M,STROEBE M,et al.Long-range transport and global fractionation of POPs:insights from multimedia modeling studies [J].Environmental pollution,2004,128:177-188.

[65] SCHERINGER M. Characterization of the environmental distribution behavior of organic chemicals by means of persistence and spatial range [J].Environmental science & technology,1997,31:2891-2897.

[66] BOETHLING R S,CALAMARI D,COWAN-ELLSBERRY C,et al.Evaluation of persistence and long-range transport of organic chemicals in the environment:summary of a SETAC Pellston workshop[M].Pensacola,FL, USA:Society of Environmental Toxicology and Chemistry,2000.

[67] SCHERINGER M,WEGMANN F,FENNER K,et al.Investigation of the cold condensation of persistent organic pollutants with a global

multimedia fate model[J].Environmental science & technology,2000,
34:1842-1850.

[68] SCHENKER U,SCHERINGER M,MACLEOD M,et al.Contribution of
volatile precursor substances to the flux of perfluorooctanoate to the
Arctic[J].Environmental science & technology,2008,42:3710-3716.

[69] SCHENKER U,SCHERINGER M,SOHN M D,et al.Using information
on uncertainty to improve environmental fate modeling:a case study on
DDT[J].Environmental science & technology,2009,43:128-134.

[70] MACKAY D,PATERSON S,SHIU W Y.Generic models for evaluating
the regional fate of chemicals[J].Chemosphere,1992,24:695-717.

[71] MACKAY D, DI GUARDO A, PATERSON S, et al. Evaluating the
environmental fate of a variety of types of chemicals using the EQC
model[J].Environmental toxicology and chemistry,1996,15:1627-1637.

[72] COUSINS I T, STAPLES C A, KLEĈKA G M, et al. A multimedia
assessment of the environmental fate of bisphenol A[J]. Human and
ecological risk assessment:an international journal,2002,8:1107-1135.

[73] BEYER A,MACKAY D,MATTHIES M,et al.Assessing long-range
transport potential of persistent organic pollutants[J]. Environmental
science & technology,2000,34:699-703.

[74] MACKAY D.Multimedia environmental models:the fugacity approach
[M].2nd ed.Boca Raton:CRC Press,2001.

[75] GOUIN T, HARNER T. Modelling the environmental fate of the
polybrominated diphenyl ethers[J].Environment international,2003,29:
717-724.

[76] MACKAY D,GIESY J P,SOLOMON K R.Fate in the environment and
long-range atmospheric transport of the organophosphorus insecticide,
chlorpyrifos and its oxon[M].Cham:Springer International Publishing,
2014:35-76.

[77] SHEN L,WANIA F,LEI Y D,et al.Atmospheric distribution and long-
range transport behavior of organochlorine pesticides in North America
[J].Environmental science & technology,2005,39:409-420.

[78] WANIA F.Assessing the potential of persistent organic chemicals for

long-range transport and accumulation in polar regions [J]. Environmental science & technology,2003,37:1344-1351.

[79] WANIA F,DUGANI C B.Assessing the long-range transport potential of polybrominated diphenyl ethers: a comparison of four multimedia models [J]. Environmental toxicology and chemistry, 2003, 22: 1252-1261.

[80] WANIA F,MCLACHLAN M S.Estimating the influence of forests on the overall fate of semivolatile organic compounds using a multimedia fate model[J].Environmental science & technology,2001,35:582-590.

[81] SUZUKI N, MURASAWA K, SAKURAI T, et al. Geo-referenced multimedia environmental fate model (G-CIEMS): model formulation and comparison to the generic model and monitoring approaches[J]. Environmental science & technology,2004,38:5682-5693.

[82] SHATALOV V, GUSEV A, DUTCHAK S, et al. Modelling of POP contamination in European region: evaluation of the model performance [R].Moscow,Russia:Meteorological Synthesizing Centre,2005.

[83] CAUDEVILLE J,BONNARD R,BOUDET C, et al. Development of a spatial stochastic multimedia exposure model to assess population exposure at a regional scale[J].Science of the total environment,2012, 432:297-308.

[84] ZHANG Q,CRITTENDEN J C,SHONNARD D, et al.Development and evaluation of an environmental multimedia fate model CHEMGL for the Great Lakes region[J].Chemosphere,2003,50:1377-1397.

[85] TERZAGHI E, ZACCHELLO G, SCACCHI M, et al. Towards more ecologically realistic scenarios of plant uptake modelling for chemicals: PAHs in a small forest[J].Science of the total environment,2015,505: 329-337.

[86] WRIGHT H E,ZHANG Q,MIHELCIC J R.Integrating economic input-output life cycle assessment with risk assessment for a screening-level analysis[J].The International journal of life cycle assessment,2008,13: 412-420.

[87] GERALD C F,WHEATLEY P O.Applied numerical analysis[M].7th ed.

[S.l.：s.n.]，2004.

[88] LEE Y，LEE D S，KIM S K，et al.Use of the relative concentration to evaluate a multimedia model for PAHs in the absence of emission estimates[J].Environmental science & technology,2004,38:1079-1088.

[89] LEE Y,CHO G,LEE D S,et al.Influence of the large grid size used in a multimedia mass balance model (POPsME) on the exposure assessment of polychlorinated dibenzo-p-dioxins and dibenzofurans [J]. Environmental science & technology,2007,41:5231-5236.

[90] BREIVIK K,WANIA F.Evaluating a model of the historical behavior of two hexachlorocyclohexanes in the Baltic Sea environment [J]. Environmental science & technology,2002,36:1014-1023.

[91] BRANDES L J,DEN HOLLANDER H,VAN DE MEENT D.SimpleBox 2.0：a nested multimedia fate model for evaluating the environmental fate of chemicals[R].[S.l.：s.n.],1996.

[92] BEYER A,WANIA F,GOUIN T,et al.Temperature dependence of the characteristic travel distance[J].Environmental science & technology, 2003,37:766-771.

[93] BEYER A,MATTHIES M.Criteria for atmospheric long-range transport potential and persistence of pesticides and industrial chemicals[R].[S.l.： s.n.],2002.

[94] FENNER K,SCHERINGER M,HUNGERBÜHLER K.Prediction of overall persistence and long-range transport potential with multimedia fate models：robustness and sensitivity of results[J].Environmental pollution,2004,128:189-204.

[95] FENNER K,SCHERINGER M,MACLEOD M,et al.Comparing estimates of persistence and long-range transport potential among multimedia models[J]. Environmental science & technology,2005,39:1932-1942.

[96] STROEBE M,SCHERINGER M,HELD H,et al.Inter-comparison of multimedia modeling approaches：modes of transport,measures of long range transport potential and the spatial remote state[J].Science of the total environment,2004,321:1-20.

[97] ZARFL C,HOTOPP I,KEHREIN N,et al.Identification of substances

with potential for long-range transport as possible substances of very high concern[J].Environmental science and pollution research,2012,19: 3152-3161.

[98] FRANCO A, TRAPP S. A multimedia activity model for ionizable compounds: validation study with 2, 4-dichlorophenoxyacetic acid, aniline,and trimethoprim[J].Environmental toxicology and chemistry, 2010,29:789-799.

[99] OLDENKAMP R,HUIJBREGTS M A J,HOLLANDER A,et al.Spatially explicit prioritization of human antibiotics and antineoplastics in Europe[J]. Environment international,2013,51:13-26.

[100] MACKAY D,ARNOT J A,WANIA F,et al.Chemical activity as an integrating concept in environmental assessment and management of contaminants [J]. Integrated environmental assessment and management,2011,7:248-255.

[101] TRAPP S,FRANCO A,MACKAY D.Activity-based concept for transport and partitioning of ionizing organics[J].Environmental science & technology, 2010,44:6123-6129.

[102] SU C,ZHANG H,CRIDGE C,et al.A review of multimedia transport and fate models for chemicals:principles,features and applicability[J]. Science of the total environment,2019,668:881-892.

[103] ZHU Y,PRICE O R,TAO S,et al.A new multimedia contaminant fate model for China: how important are environmental parameters in influencing chemical persistence and long-range transport potential? [J].Environment international,2014,69:18-27.

[104] ZHU Y,TAO S,PRICE O R,et al.Environmental distributions of benzo [a] pyrene in China: current and future emission reduction scenarios explored using a spatially explicit multimedia fate model [J]. Environmental science & technology,2015,49(23):13868-13877.

[105] ZHU Y,PRICE O R,KILGALLON J,et al.A multimedia fate model to support chemical management in China: a case study for selected trace organics[J].Environmental science & technology,2016,50:7001-7009.

[106] SCHERINGER M,WANIA F.Multimedia models of global transport

and fate of persistent organic pollutants［M］//HUTZINGER O. The handbook of environmental chemistry. Berlin：Springer-Verlag，2003：237-269.

［107］SWEETMAN A J，DALLA VALLE M，PREVEDOUROS K，et al. The role of soil organic carbon in the global cycling of persistent organic pollutants（POPs）：interpreting and modelling field data［J］. Chemosphere，2005，60：959-972.

［108］STOCKER J，SCHERINGER M，WEGMANN F，et al. Modeling the effect of snow and ice on the global environmental fate and long-range transport potential of semivolatile organic compounds［J］.Environmental science & technology，2007，41：6192-6198.

［109］MACLEOD M，MCKONE T E，FOSTER K L，et al. Applications of contaminant fate and bioaccumulation models in assessing ecological risks of chemicals：a case study for gasoline hydrocarbons［J］. Environmental science & technology，2004，38：6225-6233.

［110］PALM A，COUSINS I T，MACKAY D，et al.Assessing the environmental fate of chemicals of emerging concern：a case study of the polybrominated diphenyl ethers［J］.Environmental pollution，2002，117：195-213.

［111］KLASMEIER J，MATTHIES M，MACLEOD M，et al. Application of multimedia models for screening assessment of long-range transport potential and overall persistence［J］. Environmental science & technology，2006，40：53-60.

［112］MACLEOD M，SCHERINGER M，MCKONE T E，et al. The state of multimedia mass-balance modeling in environmental science and decision-making［J］. Environmental science & technology，2010，44：8360-8364.

［113］DI GUARDO A，GOUIN T，MACLEOD M，et al.Environmental fate and exposure models：advances and challenges in 21st century chemical risk assessment［J］.Environmental science：processes & impacts，2018，20：58-71.

［114］MCKONE T E. CalTOX，a multimedia total exposure model for hazardous-waste sites：part 1：executive summary［R］.Livermore，CA，

United States:[s.n.],1993.

[115] SÁNCHEZ-BAYO F, BASKARAN S, KENNEDY I R. Ecological relative risk (EcoRR): another approach for risk assessment of pesticides in agriculture[J]. Agriculture, ecosystems & environment, 2002,91:37-57.

[116] MARGNI M, PENNINGTON D W, AMMAN C, et al. Evaluating multimedia/multipathway model intake fraction estimates using POP emission and monitoring data[J]. Environmental pollution, 2004, 128: 263-277.

[117] CUI X L, MAYER P, GAN J. Methods to assess bioavailability of hydrophobic organic contaminants:principles,operations,and limitations [J].Environmental pollution,2013,172:223-234.

[118] DI GUARDO A, HERMENS J L.Challenges for exposure prediction in ecological risk assessment[J].Integrated environmental assessment and management,2013,9:e4-e14.

[119] GHIRARDELLO D, MORSELLI M, SEMPLICE M, et al. A dynamic model of the fate of organic chemicals in a multilayered air/soil system: development and illustrative application[J]. Environmental science & technology,2010,44:9010-9017.

[120] WEBSTER E,MACKAY D,WANIA F.Evaluating environmental persistence [J].Environmental toxicology and chemistry,1998,17:2148-2158.

[121] HARRAD S, HUNTER S.Concentrations of polybrominated diphenyl ethers in air and soil on a rural-urban transect across a major UK conurbation [J]. Environmental science & technology, 2006, 40: 4548-4553.

[122] VAN BRUMMELEN T C, VERWEIJ R A, WEDZINGA S A, et al. Enrichment of polycyclic aromatic hydrocarbons in forest soils near a blast furnace plant[J].Chemosphere,1996,32(2):293-314.

[123] 刘世杰.环渤海地区持久性有机污染物空间多介质迁移模拟[D].北京:中国科学院大学,2014.

[124] 崔正国.环渤海 13 城市主要化学污染物排海总量控制方案研究[D].青岛:中国海洋大学,2008.

[125] SHEN H Z,HUANG Y,WANG R,et al.Global atmospheric emissions of polycyclic aromatic hydrocarbons from 1960 to 2008 and future predictions [J]. Environmental science & technology，2013，47：6415-6424.

[126] PENG C,CHEN W,LIAO X,et al. Polycyclic aromatic hydrocarbons in urban soils of Beijing：status，sources，distribution and potential risk [J].Environmental pollution,2011,159:802-808.

[127] WANG N N,LANG Y H,CHENG F F,et al.Concentrations,sources and risk assessment of polycyclic aromatic hydrocarbons（PAHs）in soils of Liaohe estuarine wetland [J]. Bulletin of environmental contamination and toxicology,2011,87:463-468.

[128] LIU X H,XU M Z,YANG Z F,et al.Sources and risk of polycyclic aromatic hydrocarbons in Baiyangdian Lake,North China[J].Journal of environmental science and health,2010,45:413-420.

[129] SHI J W,PENG Y,LI W F,et al.Characterization and source identification of PM10-bound polycyclic aromatic hydrocarbons in urban air of Tianjin,China [J].Aerosol and air quality research,2010,10:507-518.

[130] MEN B,HE M,TAN L,et al. Distributions of polycyclic aromatic hydrocarbons in the Daliao River Estuary of Liaodong Bay,Bohai Sea (China)[J].Marine pollution bulletin,2009,58:818-826.

[131] 焦文涛.环渤海地区多环芳烃的区域分布特征及影响因素分析[D].北京：中国科学院大学,2009.

[132] GILLJAM J L,LEONEL J,COUSINS I T,et al.Is ongoing sulfluramid use in south America a significant source of perfluorooctanesulfonate （PFOS）？Production inventories，environmental fate，and local occurrence[J].Environmental science & technology,2016,50:653-659.

[133] CHEN Y C,LO S L,LEE Y C.Distribution and fate of perfluorinated compounds（PFCs）in a pilot constructed wetland[J].Desalination and water treatment,2012,37(1/2/3):178-184.

[134] AHRENS L,YEUNG L W Y,TANIYASU S,et al. Partitioning of perfluorooctanoate（PFOA），perfluorooctane sulfonate（PFOS）and perfluorooctane sulfonamide（PFOSA）between water and sediment[J].

Chemosphere,2011,85:731-737.

[135] ARP H P H,NIEDERER C,GOSS K U.Predicting the partitioning behavior of various highly fluorinated compounds[J].Environmental science & technology,2006,40:7298-7304.

[136] BROOKE D,FOOTITT A,NWAOGU T.Environmental risk evaluation report:perfluorooctanesulphonate (PFOS)[R].Wallingford,UK:Environment Agency,2004.

[137] XIE S W,LU Y L,WANG T Y,et al.Estimation of PFOS emission from domestic sources in the eastern coastal region of China[J].Environment international,2013,59:336-343.

[138] XIE S W,WANG T Y,LIU S J,et al.Industrial source identification and emission estimation of perfluorooctane sulfonate in China [J].Environment international,2013,52:1-8.

[139] PAUL A G,JONES K C,SWEETMAN A J.A first global production,emission,and environmental inventory for perfluorooctane sulfonate[J].Environmental science & technology,2009,43:386-392.

[140] ADGER N,AGGARWAL P,AGRAWALA S,et al.Contribution of Working Groups Ⅰ,Ⅱ and Ⅲ to the Fourth Assessment Report of the Intergovernmental Panel on Climate Change[R].Geneva,Switzerland:Intergovernmental Panel on Climate Change,2007.

[141] ZHANG L,WU T W,XIN X G,et al.Projections of annual mean air temperature and precipitation over the globe and in China during the 21st century by the BCC Climate System Model BCC_CSM1.0[J].Acta meteorologica sinica,2012,26(3):362-375.

[142] SCHULZE H,LANGENBERG H.Urban heat[J].Nature geoscience,2014,7:553.

[143] CAO C,LEE X H,LIU S D,et al.Urban heat Islands in China enhanced by haze pollution[J].Nature communications,2016,7:12509.

[144] 国家海洋局.2014年中国海平面公报[R].北京:国家海洋局,2015.

[145] PENG C H,ZHOU X L,ZHAO S Q,et al.Quantifying the response of forest carbon balance to future climate change in Northeastern China:model validation and prediction[J].Global and planetary change,2009,

66：179-194.

[146] TAO Y，LI F，WANG R S，et al.Effects of land use and cover change on terrestrial carbon stocks in urbanized areas：a study from Changzhou，China[J].Journal of cleaner production,2015,103:651-657.

[147] 江滢,罗勇,赵宗慈.全球气候模式对未来中国风速变化预估[J].大气科学,2010,34(2):323-336.

[148] 陈玲飞,王红亚.中国小流域径流对气候变化的敏感性分析[J].资源科学,2004,26(6):62-68.

[149] WANG P，LU Y L，WANG T Y，et al.Coupled production and emission of short chain perfluoroalkyl acids from a fast developing fluorochemical industry：evidence from yearly and seasonal monitoring in Daling River Basin,China[J].Environmental pollution,2016,218:1234-1244.

[150] YANG L P，ZHU L Y，LIU Z T. Occurrence and partition of perfluorinated compounds in water and sediment from Liao River and Taihu Lake,China[J].Chemosphere,2011,83:806-814.

[151] LI F S,SUN H W,HAO Z N,et al.Perfluorinated compounds in Haihe River and Dagu Drainage Canal in Tianjin, China[J].Chemosphere,2011,84:265-271.

[152] WANG P，LU Y L，WANG T Y，et al.Occurrence and transport of 17 perfluoroalkyl acids in 12 coastal rivers in south Bohai coastal region of China with concentrated fluoropolymer facilities[J].Environmental pollution,2014,190:115-122.

[153] WANG P，LU Y L，WANG T Y，et al.Transport of short-chain perfluoroalkyl acids from concentrated fluoropolymer facilities to the Daling River Estuary，China[J].Environmental science and pollution research,2015,22:9626-9636.

[154] ZHAO Z，TANG J H，XIE Z Y，et al.Perfluoroalkyl acids (PFAAs) in riverine and coastal sediments of Laizhou Bay，North China[J].Science of the total environment,2013,447:415-423.

[155] ZHAO X L，XIA X H，ZHANG S W，et al.Spatial and vertical variations of perfluoroalkyl substances in sediments of the Haihe River,China[J].Journal of environmental sciences,2014,26:1557-1566.

[156] ZHU Z Y，WANG T Y，WANG P，et al.Perfluoroalkyl and polyfluoroalkyl

substances in sediments from South Bohai coastal watersheds, China[J]. Marine pollution bulletin, 2014, 85:619-627.

[157] MENG J, WANG T Y, WANG P, et al. Are levels of perfluoroalkyl substances in soil related to urbanization in rapidly developing coastal areas in North China? [J]. Environmental pollution, 2015, 199:102-109.

[158] O'DRISCOLL K, MAYER B, SU J, et al. The effects of global climate change on the cycling and processes of persistent organic pollutants (POPs) in the North Sea[J]. Ocean science, 2014, 10(3):397-409.

[159] 孟晶.全氟化合物的生命周期分析及环境污染评价[D].北京:中国科学院大学,2017.

[160] 刘浩,张毅,郑文升.城市土地集约利用与区域城市化的时空耦合协调发展评价:以环渤海地区城市为例[J].地理研究,2011,30(10):1805-1817.

[161] 韩军彩,周顺武,王传辉,等.华北地区近30年降水变化特征分析[J].安徽农业科学,2010,38(34):19644-19646,19680.

[162] 梁圆,千怀遂,张灵.中国近50年降水量变化区划(1961—2010年)[J].气象学报,2016,74(1):31-45.

[163] 张存杰,李栋梁,王小平.东北亚近100年降水变化及未来10~15年预测研究[J].高原气象,2004,23(6):919-929.

[164] 李琰,赵昕奕.近30年中国不同土地覆被类型的地表气温变化[J].北京大学学报(自然科学版),2011,47(6):1129-1136.

[165] WANG P, LU Y L, WANG T Y, et al. Shifts in production of perfluoroalkyl acids affect emissions and concentrations in the environment of the Xiaoqing River Basin, China[J]. Journal of hazardous materials, 2016, 307:55-63.

[166] GONG X X, LIU R X, LI B, et al. Perfluoroalkyl acids in Daliao River system of northeast China: determination, distribution and ecological risk[J]. Environmental earth sciences, 2016, 75:1-10.

[167] EARNSHAW M R, JONES K C, SWEETMAN A J. A first European scale multimedia fate modelling of BDE-209 from 1970 to 2020[J]. Environment international, 2015, 74:71-81.

[168] LI Y F, LI Y, ZHOU Y, et al. Investigation of a coupling model of coordination between urbanization and the environment[J]. Journal of environmental management, 2012, 98:127-133.

[169] LIU Z Y，LU Y L，WANG T Y，et al. Risk assessment and source identification of perfluoroalkyl acids in surface and ground water：spatial distribution around a mega-fluorochemical industrial park，China[J]. Environment international，2016，91：69-77.

[170] LIU Z Y，LU Y L，SHI Y J，et al.Crop bioaccumulation and human exposure of perfluoroalkyl acids through multi-media transport from a mega fluorochemical industrial park，China[J]. Environment international，2017，106：37-47.

[171] SU H Q，LU Y L，WANG P，et al. Perfluoroalkyl acids （PFAAs） in indoor and outdoor dusts around a mega fluorochemical industrial park in China：implications for human exposure [J]. Environment international，2016，94：667-673.

[172] SU H Q，SHI Y J，LU Y L，et al. Home produced eggs：an important pathway of human exposure to perfluorobutanoic acid （PFBA） and perfluorooctanoic acid （PFOA） around a fluorochemical industrial park in China[J].Environment international，2017，101：1-6.

[173] BURNS D C，ELLIS D A，LI H X，et al.Experimental pKa determination for perfluorooctanoic acid （PFOA） and the potential impact of p Ka concentration dependence on laboratory-measured partitioning phenomena and environmental modeling[J].Environmental science & technology，2008，42：9283-9288.

[174] GOSS K U. The pKa values of PFOA and other highly fluorinated carboxylic acids [J]. Environmental science & technology，2008，42：456-458.

[175] KUTSUNA S，HORI H.Experimental determination of Henry's law constant of perfluorooctanoic acid （PFOA） at 298 K by means of an inert-gas stripping method with a helical plate [J]. Atmospheric environment，2008，42：8883-8892.

[176] LÓPEZ-FONTÁN J L，SARMIENTO F，SCHULZ P C.The aggregation of sodium perfluorooctanoate in water[J].Colloid and polymer science，2005，283：862-871.

[177] YU Q，ZHANG R Q，DENG S B，et al.Sorption of perfluorooctane

sulfonate and perfluorooctanoate on activated carbons and resin:kinetic and isotherm study[J].Water research,2009,43:1150-1158.

[178] ARMITAGE J,COUSINS I T,BUCK R C,et al.Modeling global-scale fate and transport of perfluorooctanoate emitted from direct sources[J]. Environmental science & technology,2006,40:6969-6975.

[179] ARMITAGE J M,MACLEOD M,COUSINS I T.Modeling the global fate and transport of perfluorooctanoic acid （ PFOA ） and perfluorooctanoate （ PFO ） emitted from direct sources using a multispecies mass balance model ［ J ］. Environmental science & technology,2009,43:1134-1140.

[180] PISTOCCHI A,LOOS R.A map of European emissions and concentrations of PFOS and PFOA［J］. Environmental science & technology, 2009, 43: 9237-9244.

[181] BARTON C A,KAISER M A,RUSSELL M H.Partitioning and removal of perfluorooctanoate during rain events:the importance of physical-chemical properties[J].Journal of environmental monitoring,2007,9: 839-846.

[182] HIGGINS C P,LUTHY R G.Sorption of perfluorinated surfactants on sediments[J].Environmental science & technology,2006,40:7251-7256.

[183] VAALGAMAA S,VÄHÄTALO A V,PERKOLA N,et al.Photochemical reactivity of perfluorooctanoic acid (PFOA) in conditions representing surface water[J].Science of the total environment,2011,409:3043-3048.

[184] MENG J,LU Y L,WANG T Y,et al.Life cycle analysis of perfluo-rooctanoic acid (PFOA) and its salts in China[J].Environmental science and pollution research,2017,24:11254-11264.

[185] ZHU Z Y,WANG T Y,MENG J,et al.Perfluoroalkyl substances in the Daling River with concentrated fluorine industries in China:seasonal variation,mass flow,and risk assessment[J].Environmental science and pollution research,2015,22(13):10009-10018.

[186] SHI Y L,VESTERGREN R,XU L,et al.Characterizing direct emissions of perfluoroalkyl substances from ongoing fluoropolymer production sources:a spatial trend study of Xiaoqing River,China[J].Environmental pollution,

2015,206:104-112.

[187] BLAINE A C,RICH C D,SEDLACKO E M,et al.Perfluoroalkyl acid uptake in lettuce（Lactuca sativa）and strawberry（Fragaria ananassa）irrigated with reclaimed water[J].Environmental science & technology, 2014,48:14361-14368.